中华精神家园
文化遗迹

家居古风

古代建材与家居艺术

肖东发 主编　石　铮 编著

中国出版集团
现代出版社

图书在版编目（CIP）数据

家居古风：古代建材与家居艺术 / 石铮编著. —北京：现代出版社，2014.5（2021.7重印）
ISBN 978-7-5143-2366-5

Ⅰ.①家… Ⅱ.①石… Ⅲ.①古建筑－建筑艺术－中国 Ⅳ.①TU-092.2

中国版本图书馆CIP数据核字(2014)第085381号

家居古风：古代建材与家居艺术

主　　编：	肖东发
作　者：	石　铮
责任编辑：	王敬一
出版发行：	现代出版社
通信地址：	北京市定安门外安华里504号
邮政编码：	100011
电　　话：	010-64267325　64245264（传真）
网　　址：	www.1980xd.com
电子邮箱：	xiandai@cnpitc.com.cn
印　　刷：	三河市嵩川印刷有限公司
开　　本：	710mm×1000mm　1/16
印　　张：	11
版　　次：	2015年4月第1版　2021年7月第3次印刷
书　　号：	ISBN 978-7-5143-2366-5
定　　价：	40.00元

版权所有，翻印必究；未经许可，不得转载

党的十八大报告指出："文化是民族的血脉，是人民的精神家园。全面建成小康社会，实现中华民族伟大复兴，必须推动社会主义文化大发展大繁荣，兴起社会主义文化建设新高潮，提高国家文化软实力，发挥文化引领风尚、教育人民、服务社会、推动发展的作用。"

我国经过改革开放的历程，推进了民族振兴、国家富强、人民幸福的中国梦，推进了伟大复兴的历史进程。文化是立国之根，实现中国梦也是我国文化实现伟大复兴的过程，并最终体现为文化的发展繁荣。习近平指出，博大精深的中国优秀传统文化是我们在世界文化激荡中站稳脚跟的根基。中华文化源远流长，积淀着中华民族最深层的精神追求，代表着中华民族独特的精神标识，为中华民族生生不息、发展壮大提供了丰厚滋养。我们要认识中华文化的独特创造、价值理念、鲜明特色，增强文化自信和价值自信。

如今，我们正处在改革开放攻坚和经济发展的转型时期，面对世界各国形形色色的文化现象，面对各种眼花缭乱的现代传媒，我们要坚持文化自信，古为今用、洋为中用、推陈出新，有鉴别地加以对待，有扬弃地予以继承，传承和升华中华优秀传统文化，发展中国特色社会主义文化，增强国家文化软实力。

浩浩历史长河，熊熊文明薪火，中华文化源远流长，滚滚黄河、滔滔长江，是最直接的源头，这两大文化浪涛经过千百年冲刷洗礼和不断交流、融合以及沉淀，最终形成了求同存异、兼收并蓄的辉煌灿烂的中华文明，也是世界上唯一绵延不绝而从没中断的古老文化，并始终充满了生机与活力。

中华文化曾是东方文化摇篮，也是推动世界文明不断前行的动力之一。早在500年前，中华文化的四大发明催生了欧洲文艺复兴运动和地理大发现。中国四大发明先后传到西方，对于促进西方工业社会的形成和发展，曾起到了重要作用。

中华文化的力量，已经深深熔铸到我们的生命力、创造力和凝聚力中，是我们民族的基因。中华民族的精神，也已深深植根于绵延数千年的优秀文化传统之中，是我们的精神家园。

总之，中华文化博大精深，是中国各族人民五千年来创造、传承下来的物质文明和精神文明的总和，其内容包罗万象，浩若星汉，具有很强的文化纵深，蕴含丰富宝藏。我们要实现中华文化伟大复兴，首先要站在传统文化前沿，薪火相传，一脉相承，弘扬和发展五千年来优秀的、光明的、先进的、科学的、文明的和自豪的文化现象，融合古今中外一切文化精华，构建具有中国特色的现代民族文化，向世界和未来展示中华民族的文化力量、文化价值、文化形态与文化风采。

为此，在有关专家指导下，我们收集整理了大量古今资料和最新研究成果，特别编撰了本套大型书系。主要包括独具特色的语言文字、浩如烟海的文化典籍、名扬世界的科技工艺、异彩纷呈的文学艺术、充满智慧的中国哲学、完备而深刻的伦理道德、古风古韵的建筑遗存、深具内涵的自然名胜、悠久传承的历史文明，还有各具特色又相互交融的地域文化和民族文化等，充分显示了中华民族的厚重文化底蕴和强大民族凝聚力，具有极强的系统性、广博性和规模性。

本套书系的特点是全景展现，纵横捭阖，内容采取讲故事的方式进行叙述，语言通俗，明白晓畅，图文并茂，形象直观，古风古韵，格调高雅，具有很强的可读性、欣赏性、知识性和延伸性，能够让广大读者全面接触和感受中国文化的丰富内涵，增强中华儿女民族自尊心和文化自豪感，并能很好继承和弘扬中国文化，创造未来中国特色的先进民族文化。

2014年4月18日

辉煌建筑装饰——秦砖汉瓦

秦砖汉瓦的起源与发展　002
造型种类繁多的秦砖　009
图案设计优美的各类汉瓦　030
装饰艺术的精品文字瓦当　049

东方艺术明珠古代家具

066　处于蒙昧期的夏商周家具
075　精美绝伦的秦汉矮型家具
094　婉雅秀逸的魏晋南北朝家具
102　华丽隽永的隋唐高低家具
119　古雅精致的宋元明清家具

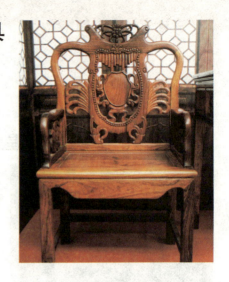

无声诗立体画——古代盆景

古代盆景艺术的古老起源　136
唐宋时期山水盆景的兴起　146
元明清时期极盛的盆景艺术　156

秦砖汉瓦

辉煌建筑装饰

　　秦砖汉瓦是后人对秦汉时期先进的制陶技术的通称。所谓秦砖，是指秦代炉火纯青的空心砖技术；所谓汉瓦，是汉代独特的瓦当制作技术和相关造型艺术。

　　提起砖瓦的历史，人们总会想到"秦砖汉瓦"。但是秦砖汉瓦不是凭空产生的，它的辉煌不是从天而降的，而是在商周制砖造瓦的基础上发展起来的。每一个时代的创造物和艺术品都是其社会物质文化水平和精神风貌的反映。

秦砖汉瓦的起源与发展

秦汉时期是我国古代早期的封建盛世,这一时期经济发达,社会文化发展迅速,所谓"秦砖汉瓦"就说明了这一时期建筑装饰的辉煌。为此,后人常用"秦砖汉瓦"来形容秦汉两代在建筑材料方面的成就。

砖瓦是建筑的重要材料,在我国有着悠久的历史。它们的出现标志着我国古代建筑的巨大进步,也是秦汉时期文化的一大特征,它们

■ 精美的宫廷龙纹砖

的产生和形成是经过了一个漫长的发展过程的。

陶器作为一种器具,首先应用于古人的生活之中,被制成罐、碗、盆、钵等用于储藏、饮食。商代以后,陶器的最大用途是作为建筑材料,最早的建筑陶器是陶水管。

后来,我们的祖先受到了制陶的启发,将土坯入窑烧制成砖,使其硬度大为提高。

到了西周初期,先人们又创新出了板瓦、筒瓦等建筑陶器。砖,也就是在这时开始用在建筑上。

在凤凰山下的周公庙遗址西周贵族大墓群发现的空心砖、条砖、板瓦,据推断为先周时期的遗物。这就将砖瓦的历史又往前推进了800多年。

春秋战国时期,群雄并起,政治、经济、文化飞速发展,各国都大兴土木,营建宫室殿宇,这就大大促进了建筑的繁荣。

公元前221年,秦始皇统一了六国,结束了诸侯混战的局面,各地区、各民族之间都得到了广泛交流,中华民族的经济、文化迅速发展。

在秦都咸阳宫殿建筑遗址,以及陕西临潼、凤翔等地发现众多的秦代画像砖和铺地青砖,除铺地青砖为素面外,大多数砖面饰有太阳纹、米格纹、小方格纹、平行线纹等。

另外用作踏步或砌于壁面的长方形空心砖,砖面

■ 汉代白虎瓦当

周公 即周公旦。姓姬,名旦。因封地在周,称周公,因谥号为文,又称周文公。文王之子,周武王之弟,排行第四,亦称叔旦,史称周公旦。为我国西周初期杰出的政治家、军事家和思想家,被尊为儒学奠基人,是孔子一生最崇敬的古代圣人之一。

春秋 我国历史阶段之一。公元前770至公元前403年,因为中国儒家文化的创始人孔子曾经编写了一部记载当时鲁国历史的史书名叫《春秋》,所以后人就将这一历史阶段称为春秋时期,基本上是东周的前半期。

骑兵画像砖

或模印几何形花纹，或阴线刻画龙纹、凤纹，也有模印射猎、宴客等场面的。

尤其是秦代对万里长城的修筑工程，《史记·蒙恬传》记载。

> 始皇二十六年，使蒙恬将三万众，北逐戎狄，收河南，筑长城，因地形，用险制塞，起临洮，至辽东。延袤万余里，于是渡河至阳山，逶蛇而北。

在高山峻岭之顶端筑起雄伟浩迈、气壮山河的万里长城，其工程之宏大，用砖之多，举世罕见。

秦末楚汉相争，最后刘邦战胜项羽，建立大汉王朝之后，社会生产力又有了长足的发展，手工业的进步突飞猛进。所以秦汉时期制陶业的生产规模、烧造技术、数量和质量，都超过了以往的任何时期。

秦汉时期建筑用陶在制陶业中占有重要位置，其中最富有特色的为画像砖和各种纹饰的瓦当，这就是著名的"秦砖汉瓦"。

"瓦当"在我国文字中由来已久，称"当"的如"京师庾当"；

称"瓦"的如"都司空瓦""长水屯瓦"之类；而有时又称"裳"，如"长陵东裳"等；或称"甬"，如"庶氏冢甬"等。

前人所说的"瓦"则栉比置于檐际，瓦瓦相值。所说的"当"为"底"，带瓦头的筒瓦正当众瓦之底，具有阻挡、遮挡的作用。

班固《西都赋》中有"裁金以饰珰"句，"珰"应为"椽头饰也"。

而就在瓦当这一小小的图形空间内，我国古代聪明的匠师们创造了丰富多彩的艺术天地，属于我国特有的古代文化艺术遗产。

瓦当一般为泥质灰陶，陶土一般要求由土色纯黄、黏性较好、沙石较少的黄壤土烧制而成。瓦及瓦当的发明，是在制陶工艺高度发达的基础上，为适应较为成熟的土木结构建筑的需要而产生的。

早在西周末年，秦人游猎于甘肃天水一带。公元前677年，秦人来到周人故地，定都雍城。秦人受周文化的影响，开始使用瓦当。

此后290余年，在公元前677年至公元前383年，雍城作为秦国都城，而率先成为秦瓦当的重要生产地区。后来，秦国两次迁都，情形也是如此。

整个战国时期，七雄各霸一方，各国所用瓦当各具特色，

> **《西都赋》** 汉代文学家、史学家班固创作的大赋，属于《两都赋》中的一篇。《西都赋》由假想人物西都宾叙述长安形势险要、物产富庶、宫廷华丽等情况，以暗示建都长安的优越性。另一篇为《东都赋》。

> **雍城** 遗址位于陕西凤翔县城南，是秦国历史上时间最长、保护最好的都城遗址。分为都城和陵园两大部分，其中，雍城陵园内埋藏着秦始皇的多位先祖。

■ 汉代文字瓦当

饕餮 我国古代传说中的龙的第五子，是一种想象的神秘怪兽。古书《山海经》介绍它的特点是羊身，眼睛在腋下，虎齿人爪，有一个大头和一张大嘴。十分贪吃，见到什么就吃什么，由于吃得太多，最后被撑死。后来形容贪婪之人叫"饕餮"。

瓦当艺术第一个鼎盛时期形成了，其中以秦、燕、齐三国瓦当艺术成就最高，形成战国瓦当艺术三分天下的鼎盛局面。

战国时期的瓦当可分素面和带有花纹、文字的两大类，各地所出花纹瓦当各具特色，燕国多为婆婆纹；齐以树形纹为主，还有带文字的；周以饕餮纹为多，但已简化，仅突出饕餮的双目，以后渐转为卷云纹。秦砖有山形纹、树纹和云纹，和关东六国的瓦当颇为相像。

最早使用圆形瓦当、采用当面四分法和当心采用圆形装饰的秦瓦当，直接影响了汉代瓦当，并引导瓦当艺术在西汉形成第二个高潮。

汉代瓦当是在秦代瓦当基础上发展起来的，青出于蓝而胜于蓝，与秦瓦当相比，汉代瓦当不仅数量多，而且种类更加丰富，制作也日趋规整，纹饰图案井然有序。在圆面范围内，尽量体现形体的伸展力度，神态性格明显，是一种艺术性极强的装饰浮雕作品。

尤其是汉代大量文字瓦当的出现，不仅完善了瓦当艺术，同时也开辟了一个全新的艺术领域和研究范围，更加鲜明地反映当时社会经济、思想意识形态。

每一个时代的创造物和艺术品都是其社会物质文化水平和精神风

■ 彩色人物画像砖

■ 弓箭士兵画像砖

貌的反应。汉代瓦当艺术登峰造极的时代，这是建立在统一的封建大帝国物质和精神所发展的基础上的。

汉代是我国封建社会早期的鼎盛时期。西汉初年，经过了70余年的休养生息，国力得到逐渐恢复，经济文化有了新的发展。建筑方面也取得了很多重大进展。

西汉时期的宫室台榭之类建筑，在继承秦代基础上，规模更为壮丽宏大。以国都长安为中心的宫殿建筑，如长乐宫、未央宫、明光宫、北宫、桂宫、建章宫以及上林苑，各抱地势，连属成群，华丽豪奢，每处能容"千乘万骑"，可见当时建筑的规模之宏伟。

而在这些建筑上，均用瓦当以显示皇家的气派与威严，这就为瓦当在汉代大放异彩奠定了广阔的发展基础。汉代瓦当以其数量之多，质量之精，时代特征之鲜明，文化内涵之丰富，把我国古代瓦当艺术推向了最高峰。

未央宫 我国西汉皇家宫殿。遗址位于陕西西安西北约3000米处。当年位于西汉都城长安城的西南部。因在长乐宫之西，汉时称西宫。为公元前200年在秦章台基础上修建，同年自栎阳迁都长安。"未央"一词出自诗经："夜如何其？夜未央。"未央：未尽、未深之意。

西汉瓦当可分为三期，汉初至文景时期为初期，武帝、昭帝、宣帝时期为中期，元帝、成帝以后至王莽时为后期。初、后两期，面积略相似，只有中期面积特大，边轮特宽。

初期的文字非常紧密严肃，"高安万世""千秋万岁"是代表作品。中期字体宽博，"永承大灵""涌泉混流"是代表作品。后期字体流丽匀圆，"则寺初宫"是代表作品。

汉代画瓦在中期亦有明显之区别，龙虎四神，为其代表作品，大气磅礴，姿态生动而雄伟，一望可辨。但四神瓦多见于西安枣园村王莽九庙遗址，其他地区出土数量极少，王莽在建九庙时，皆拆毁汉代包阳宫等之土木材料，瓦当应亦在移用之列。

阅读链接

2010年，西安秦砖汉瓦博物馆在西安南郊汉宣帝杜陵塬上正式落成，该馆汇集了西周至明清各朝代的各种纹饰瓦当及古砖3000余块，是我国目前唯一的馆藏瓦当品类和数量最多的专题性博物馆。

展品包括了自西周至明清各个时代、各种纹饰的瓦当和古砖2600个版别，3000余块，以秦汉瓦当为主，出土自陕西、山西、河南等多个省份。

最具皇家气象的砖是汉代御道砖，这些刻有"海内皆臣，岁登成熟，道毋饥人，践此万岁"字样的方砖，只有在汉代举行丰收大典时，供天子踩踏专用，一旦典礼结束，便要收起。

博物馆最具特色的，要数馆内收藏的历代32件佛像瓦当，有北魏造像纹瓦当、唐代飞天滴水瓦、佛像纹滴水瓦等，雕工细腻，精美绝伦。

造型种类繁多的秦砖

"秦砖"其实并非单纯指秦朝的砖头,而是指秦汉时期炉火纯青的烧砖技术,尤其是空心砖技术。更深一层的意义,则指黄河流域在公元前后所广泛使用的建筑材料。

秦砖造型种类繁多,有条砖、方砖、长方形空心砖、长条空心砖

长矛武士画像砖

■ 牧马画像砖

和极少的子母砖、楔形砖。汉代新增品种有企口砖、五棱砖、曲尺形砖和磨砖，其他常见的砖则大量增加。东汉时还有一种画像砖，专用于墓葬。

秦砖尤以长安的建造称最，其使用规格、规模和数量得到量化和规范，进而成为这个时代的标志。

首先最重要、最有特点的是秦代空心砖。

空心砖，是战国时代中原地区劳动人民的一项创造，被用作宫殿、官署或陵园建筑。体积庞大、内部空而不实，又称空腹砖、空砖、扩砖、郭公砖和亭长砖。最多的是长方形砖，也有门相砖、支柱砖和三角形砖等。

空心砖外印各种纹饰，阴纹的空心砖花纹个体较大，分布松散，线条流畅，内容有卫士、虎、朱雀、飞雁等。阳文的空心砖花纹个体较小，排列紧密，内容有舞乐、骑射、田猎等。阴纹的空心砖比阳纹的空心砖时代要早。

长安 位于我国陕西省西安市西北，存在于公元前202年至公元8年。是我国历史上第一个国际大都会和当时世界上规模最大的都城，是我国历史上建都朝代最多、历时时间最长的都城，是汉民族文化形成过程中的中心。传说中的盘古开天辟地、女娲补天等故事都发生在这里。

秦代印花空心砖砖体硕大，器身浮雕阳线菱形纹，还有乳钉纹，太阳花纹。其中双面浮雕是秦代建筑典型器物，重65千克。

除了铺地青砖为素面的砖以外，大多数砖面还饰有太阳纹、米格纹、小方格纹、平行线纹等。用于台阶或砌于壁面的长方形空心砖，砖面或模印几何形花纹，或阴线刻画龙纹、凤纹，有的还有射猎、宴会等场面。

至西汉时期，空心砖的制作又有了新的发展，砖面上的纹饰图案，题材广泛，内容丰富、构图简练、形象生动、线条劲健。它不单是作为建筑材料，更多的是用来建造画像砖墓。

这种空心的画像砖，主要集中在中原地区，画像内容十分丰富，包括阙门建筑、各种人物、乐舞、车马、狩猎、驯兽、击刺、禽兽以及神话故事等40多种。

至东汉初期，画像空心砖的应用从中原地区扩展至四川一带，中原地区空心画像砖墓到东汉后期为小砖所替代，而四川则延续至蜀汉时期。

这一时期的画像砖内容更为丰富。有反映各种生产活动

> **龙** 在我国古代神话与传说中，是一种神异动物，具有九种动物合而为一之九不像的形象，为兼备各种动物之所长的异类。传说其能显能隐、能细能巨、能短能长。上下数千年，龙一直是华夏民族的象征。

■ 刻有手印的秦砖

秦始皇陵 位于我国陕西省西安市临潼区骊山脚下。据史书记载，秦始皇嬴政从13岁即位时就开始营建陵园，由丞相李斯主持规划设计，大将章邯监工，修筑时间长达38年，工程之浩大、气魄之宏伟，创历代封建统治者奢侈厚葬之先例。

凤 即凤凰，是我国古代传说中的百鸟之王，雄为凤，雌为凰，总称为凤凰，凤凰也称为丹鸟、火鸟、鹍鸡、威凤等。凤是人们心目中的瑞鸟，天下太平的象征。古人认为，时逢太平盛世，便有凤凰飞来。

■ 动物纹饰砖

的如播种、收割、舂米、酿造、盐井、探矿、桑园等；有描写社会风俗的如市集、宴乐、游戏、舞蹈、杂技、贵族家庭生活等；还有车骑出行、阙观及神话故事等。

其次重要的是条形砖。

这种砖又厚又重，不规格，没有足够的承重力，多数在烧制过程中出现了变形和开裂，这是秦砖的最初形态。后来，经过劳动人民的不断改进，终于烧出了震古烁今的秦砖，被世人誉为"铅砖"。

秦始皇陵园及周围遗址出土的秦砖，所用陶土多取骊山泥土，未添加其他材料。因泥土本身含有多种矿物成分，经烧制后十分坚固耐用。

秦砖颜色青灰，质地坚硬，制作规整，浑厚朴实，形式多样。有长条空心砖和长方形空心砖，另外还有条砖、子母砖、企口砖、五棱砖、曲尺形砖等。

据调查，秦陵及周边发现的条形砖有大型和小型两种，条形砖一般具有3个特征，饰有细绳纹；胎体细密且含有石英砂等矿物质；密度大、质地坚硬；做

工细腻、规矩，分量很重。

素面砖也是秦汉时期最常用的砖种之一，素面，顾名思义就是砖面上没有任何纹饰，与花纹砖相对，主要用于铺地，所以也称为铺地砖。

秦砖除了素面砖以外，还有花纹种类多样的方砖，有粗细绳纹、交错绳纹、平行绳纹、方格纹、太阳纹、米字纹、乳丁纹、方格纹、曲尺形纹、菱形纹、回纹、云纹，或以两种不同纹饰相间于长方形空心砖。

花纹砖还有龙纹、凤纹、龙凤纹、方格纹、植物纹、动物纹、四神纹条砖、子母砖、楔形砖、企口砖、五棱砖。

■ 饰有花纹的秦砖

绳纹是陶器的装饰纹样之一，是新石器时代至商周时期陶器最常见的纹饰。其制作方法是在陶坯制好后，待半干时，用缠有绳子的陶拍在陶坯上拍印，留下绳纹，再入窑焙烧。

其他花纹砖的制作过程是先将要表现的题材刻在印模上，然后将印模打印在未干的砖坯上。印模如果是阴纹，打印在砖坯上的就是阳纹；印模如果是阳文，打印在砖坯上的就是阴纹。

到了汉代，烧砖工艺更加成熟，花纹砖也得到了更加长足的发展，汉代花纹砖主要有植物纹、云纹、火焰纹、宝相花纹、几何纹等，纹饰丰富，多种纹样常配合使用，具有很高的审美价值。

陶器 是用黏土烧制的器皿。质地比瓷器粗糙，通常呈黄褐色，也有涂上别的颜色或彩色花纹的。新石器时代开始大量出现。现代用的陶器大多涂上粗釉。陶器的发明是人类文明的重要进程，是人类第一次利用天然物，按照自己的意志创造出来的一种崭新的东西。

汉宣帝 名刘询,字次卿,西汉第十位皇帝,公元前74年至公元前49年在位。汉武帝曾孙,少遭不幸,流落民间,察知民间疾苦,即位之后,能躬行节俭,多次下令节省开支,改革吏治,稳定社会局势。对外大破匈奴和西羌,巩固了西汉的版图。刘询为人聪明刚毅,为政励精图治,史称"中兴"。

南充汉墓有1700多年前的汉砖,每块汉砖一侧都有精美的几何形图案。在汉宣帝杜陵遗址出土的砖瓦建筑材料中,有大量方砖和长条砖,纹饰为几何纹和小方块纹。

铺地用的基本上都是方砖,铺在斜坡道上的方砖有的是素面砖,有的带几何花纹。

杜陵中有的花纹砖铺在地上时花纹朝下,这样与地面接触可以牢固些。在杜陵廊道发掘的砖大部分都是花纹朝下,开始时会以为是素面砖,要揭起来之后才发现都是有花纹的。而在上坡处都是花纹朝上,人走在上面时摩擦力大,不易滑倒,容易攀登。

花纹砖基本上就这两种,汉代的方砖花纹种类比较少,而空心砖的纹样比较多。

秦砖中还有一种文字砖,即在砖体上刻、印文字,如官官、官秩、南郑宫、左司高瓦、寺系、都

■ 几何花纹砖

■ 饰有龙纹的秦砖

仓、安米、诊、益寿长乐、万世无极、长乐未央等数十种。

秦小篆体12字砖，是一种铺地砖，此砖正面以凸线分为12个方格，每格内有一阳文秦篆，文字是"海内皆臣，岁登成熟，道毋饥人"。其意是普天下的人都是秦朝的臣民，五谷丰登，路上见不到饥饿之人。这是秦朝都城的宫殿用砖。

秦汉制砖工艺已相当成熟。但由于年代久远，秦砖已经极为难得，而汉砖则相对容易得到一些。

汉代的文字砖上有纪年、吉文、名号，其文字有篆、隶、楷等多种形式。

内蒙古和林格尔县新店子村有6座汉墓，在其中一座墓地内有一块刻有"宜子孙、富番昌、乐未央"9个字的文字砖。

西安汉12字方砖上面的铭文是"延年益寿，与天相侍，日月同光"。这是当时常见的吉语，砖上的字体流丽匀圆，极具观赏价值。

小篆 秦始皇统一六国后推行"书同文"的政策，由宰相李斯负责，在秦国原来使用的大篆籀文的基础上，进行简化，取消其他六国的异体字，创制的统一汉字书写形式为小篆。其一直在我国流行到西汉末年，才逐渐被隶书所取代。

雕刻 是雕、刻、塑三种创制方法的总称。指用各种可塑材料或可雕、可刻的硬质材料，创造出具有一定空间的可视、可触的艺术形象，借以反映社会生活、表达艺术家的审美感受、审美情感、审美理想的艺术。石雕的历史可以追溯到距今一二十万年前的旧石器时代中期。从那时候起，石雕便一直沿传至今。

另外还有画像砖，就是一种表面有模印、彩绘或雕刻图像的建筑用砖，形制多样，图案精彩，主题丰富，深刻反映了秦汉时期的社会风情，是我国美术发展史上的一座里程碑。

这些砖上绘有楼阁、桥梁、车骑、仪仗、乐舞、百戏、祥瑞、异兽、神话、故事、奇花、异草等，内容丰富，画技古朴，成为研究我国汉代政治、经济、文化、民俗的宝贵文物。

我国古建筑有几千年的历史，而砖在建筑上的使用对建筑的发展有着重大的影响。到了秦汉时期，砖不但在建筑上被使用，在地下墓葬中也广泛使用了。

战国末期，秦国最先开始了从木椁墓向砖室墓的演变，使用画像空心砖来修建墓室。伴随着秦军统一六国的号角声，画像空心砖墓被秦人从关中带到了关东地区。

■ 人物驾车图案砖

■ 牡丹纹方砖

画像砖多在墓室中构成壁画,有的则用在宫室建筑上,在秦汉的不同时期使用力度各有不同。

在秦代,画像砖几乎都是宫殿建筑用砖,多为巨大的空心砖和条形砖。藏于陕西省博物馆的一块"侍卫、宴享、射猎纹画像空心砖",是现存秦代模印画像空心砖的代表作。

陕西咸阳秦都第一号宫殿遗址存有带龙纹和凤纹的空心砖,系阴线,龙作盘曲状,凤纹有立凤、卷凤、水神骑凤等,刻画细致,神态生动,线条矫健。

"水神骑凤砖"上有一水神,正面戴山形帽,仅存上身左半。其左耳挂一曲体青蛇,左臂曲肘上举,手如鸟爪,两趾。

据《山海经》载,水神卷有"耳两青蛇"之句,可知其右耳也有一蛇。神人左方有一凤,张口含珠,凤冠后伸,仅存头颈,其下与神人连接处为一环壁,

《山海经》 先秦古籍,是一部富于神话传说的最古老的地理书。它主要记述地理、物产、神话、巫术、宗教等,也包括古史、医药、民俗、民族等方面的内容。此书大约是从战国初年到汉代初年由楚国和巴蜀地方的人所作,经西汉刘歆校书,才形成现在的书籍。

■ 云龙纹图案砖

线纹 是古代陶器纹饰。是用缠绕细绳的拍子拍印陶坯表面造成的纹饰，表现为线纹的规律性排列，排列方向或横或竖或斜。仰韶文化的平唇直口凹腰尖底陶器上多见线纹。

画像砖墓 东汉时期以嵌入墓壁上的画像砖为装饰的墓葬。集中分布在四川省成都平原地区。其他地区也偶有发现。墓主大都是当地豪强。这种画像砖，是研究当时四川地区社会面貌和雕塑艺术的重要资料。

■ 人物故事画像砖

也仅存上半。因图像残损，难窥全貌，很难判定其确实内涵，但定源于神话，应与"秦得水德"有关。

该图线条劲健流畅，形象夸张生动，富于装饰美，特别是凤体中表现羽毛的线纹，简洁匀称，变化丰富，颇具艺术匠心。

画像砖始于战国，发展于秦代，兴盛于两汉时期，被誉为"敦煌前的敦煌"。

西汉早期，画像空心砖墓在河南地区迅速发展，并在西汉中期影响至晋南、冀南、鄂北、皖北和鲁西等周边地区。

西汉晚期至东汉末是画像砖艺术的繁荣期。从西汉晚期起，画像砖墓开始摆脱了呆板的箱式结构，迅速向居室化发展，画像砖也摆脱了空心砖的旧模

■ 车马过阙画像砖

式，向多形化发展。

东汉时期，画像砖的艺术发展到了巅峰时期，画像砖墓的分布范围扩大全国范围的广阔区域。并形成了以中原地区和四川、重庆地区为代表的两大中心分布区，其中四川、重庆地区的画像砖持续繁荣，一直到蜀汉时期。

由于砖本身的装饰性和艺术性逐渐增强，汉代画像砖的装饰技艺已经达到了极高的水平。

两汉画像砖的形制有两种，一种为边长0.4米左右的方形，一种为长0.45米左右、宽0.25米左右的长方形。

画像砖可分为成都和广汉、德阳、彭县、邛崃市、彭山县、宜宾等地两种类型。而不同的题材50余种，大体可分为5种内容。

主要是现实题材的，反映汉代农业、副业、手工业和商业，如播种、收割、舂米、酿酒、盐井、桑园、采莲、市井等为主题的画像砖。

中原 最基本的意义是指黄河中下游一带的地区，这一地区为中华文明的发源地，在古代这一地区被华夏民族视为天下中心。古人常将"中国""中州"用作中原的同义语。文化意义上的中原，表示中华文明的发源地、中华文化的象征，是正统中华文化的代名词。

■ 弋射收获画像砖

这类画像砖，内容最为丰富，颇具研究价值。如成都羊子山一号墓的"盐井画像砖"，细致地刻画了汉代井盐生产的情况。

画面上的盐井设有提取盐卤的滑车，盐卤正通过架设的竹枧，缓缓地流向燃火的铁锅。盐井画像砖是我国古代盐业难得的真实写照。

在四川大邑安仁乡发现的"弋射收获画像砖"则是这一类型的代表作品之一。整个画面分成上下两个部分。

上部为"弋射图"，图中池塘水波涟涟，群鱼游动，莲蓬挺立水面，风姿绰约。一群水鸭仓皇飞散，惊慌失措。池畔两位猎人侧身跪地，引弦搭箭，冲天而射，身姿健美。

下部为"收获图"，图中有农夫正在挥镰收割。其中左侧的一组3人弯腰小心翼翼地割稻穗，右侧一

戈 我国先秦时期一种主要用于钩、啄的格斗兵器。流行于商至汉代。其受石器时代的石镰、骨镰或陶镰的启发而产生，原为长柄，平头，刃在下边，可横击，又可用于钩杀，后因作战需要和使用方式不同，戈便分为长、中、短3种。商代已经有了铜戈，直到秦代作战时仍用戈。一般长戈用于车战，短戈用于步兵。

组两人高高地举起镰刀砍稻茎，最左侧一人荷担而立，似向田间送饭者，这是辛勤劳动生活的反映。

"弋射收获画像砖"整个画面简洁分明，但所表现的内容十分丰富，而且将不同的空间自然地结合在一起。所表现的劳动场面具有浓厚的生活气息。

表现墓主身份和经历的画像砖，此类墓主多为当地的豪强显贵。这类画像砖所表现的内容，与文献记载相符。如桓宽在《盐铁论·刺权》中所说：

> 贵人之家，云行于涂，毂击于道……
> 中山素女，抚流徵于堂上，鸣鼓巴俞，作于堂下。妇女披罗纨，婢妾口希宁。子孙连车列骑，田猎出入，毕弋捷健。

四川成都扬子山二号墓的"九剑起舞图"是这类

桓宽 生卒年不详，字次公，河南上蔡西南人。他知识广博，善为文。著有《盐铁论》六十篇。此书是我国历史上第一部有关盐铁问题的结构严整、体制统一的专著。它以对话的形式客观记录了御史大夫及其僚属与"贤良""文学"的互相诘难，不但显示了双方针锋相对的观点，而且在唇枪舌战中展示了双方的阶级立场。

盐井画像砖

■ 方形秦砖

《西京赋》 我国东汉文学家、科学家张衡作。描述了长安的繁华，讽刺了社会的奢靡风气，有一定的文学价值和历史研究价值。记载了"鱼龙变化""吞刀吐火"等许多精彩杂技、幻术节目，并有乐队伴奏。

汉代画像砖中的珍品。画面偏左有大小两鼎，杯盘已撤，宴罢开始歌舞。

右上方一人耍弄弹丸，一人舞剑，并用肘耍弄瓶子。右下方一高髻细腰女高扬长袖而舞，一人摇省鼓伴舞。

左下方两人共坐一席，同吹排箫。左上方席上一男子向前伸展长袖，势欲起舞；一高髻女子正在吹排箫伴奏。

该图构图紧凑，气氛热烈，形象生动，线条流畅，刻画极为成功。表现当时社会生活和政治制度的，诸如以市集、杂技、讲学授经、尊贤养老等为主题的画像砖。

除了"九剑起舞图"，这类画像砖的典型代表作品还有"车骑出巡图"等。

东汉时期天文学家张衡在《西京赋》中描写当时

■ 车骑出巡图砖

的杂技表演场面：

> 临迥望之广场，陈角觚之妙戏。乌获扛鼎，都卢缘橦，衍狭燕濯，胸突铦锋，跳丸剑之挥霍，走绳上而相逢。

这些场景，都可以在画像砖上找到印证。如"西汉成都文翁石室接经讲学图画像砖"，就生动地塑造了讲授儒经时的情景。图中形象较大者为老师，其余为弟子。教师循循善诱，弟子毕恭毕敬。此图歌颂了汉代关心百姓、兴办教育的清官文翁。

表现墓主享乐生活的，诸如宴饮、庭院、庖厨、乐舞、百戏等画像砖。这也从一定的角度反映了汉代建筑、民俗风情等的实际情况。

这一类型主要代表作品是"宴饮杂技画像砖"，1954年于四川成都出土。该画像砖表现了汉代这种宴宾杂技的习俗。砖上模印有两件盛酒的筒形尊，尊内有酌酒用的勺，另有两件长方形食案。

左上方一男主人席地而坐，在观赏伎舞。旁边有一女与两男吹排箫伴奏，右侧4人表演，两人做杂技，两人舞蹈，生动再现了墓主人生前的宴乐生活。

文翁 汉景帝后期的蜀郡太守，他兴修水利，发展农业，使蜀郡出现了物阜民殷的局面。他见蜀郡地处边陲，民风野蛮，文化落后，便大力兴办教育。经过多年努力，蜀地民风大变，到京城求学的人和齐鲁一样多，也成了礼仪之邦。汉武帝命令全国各郡县向文翁学习设立学宫。

■ 妇女画像砖

伏羲 我国古代神话人物。他根据天地万物的变化，发明创造了八卦，这一我国最早的计数文字，是我国古文字的发端，结束了"结绳记事"的历史。八卦后来被星象学家用来占卜。他还创造历法、教民渔猎、驯养家畜、婚嫁仪式、始造书契、发明陶埙、琴瑟乐器、任命官员等。

画像砖中神话题材，主要表现在当时神话传说和当时人们迷信的思想，诸如伏羲、女娲、日月、仙人六博等。

该类型代表作品有"汉代西王母画像砖"，图正中西王母坐在龙虎座上，右为玉兔捣药，左有一女子手持灵芝，为求药者。此图反映了汉代人乞求长生不老的思想。

又如河南郊县的"伏羲女娲画像砖"，描绘了兄妹成婚繁衍人类的故事，为我们展示了一个极其丰富饱满又充满生命力的世界。图案工艺制作异常精美，是美学通过想象的演绎。

"伏羲女娲画像砖"，砖面涂有护胎粉，属高浮雕工艺。

■ 女娲画像砖

伏羲女娲是一个流传极广的神话故事，伏羲女娲是人首蛇躯，有阴阳谐和之意，在伏羲女娲二祖众多德政中，因有始配夫妇之举，所以也可以视为家庭的保护神。

图中伏羲女娲身后有长翅，无脚，手中分持叉和旗。整幅画面除伏羲女娲外，还有5个羽人，伏羲女娲居中偏

■ 莲花纹秦砖

左,两尾相交。左边有两个羽人,穿折裙,腿部已化成蛇尾状,向内卷曲成云纹符号,面向伏羲女娲。右侧有3个羽人,面向伏羲女娲的羽人有双尾,并有纹饰。

其中一羽人为媒人,为伏羲女娲做媒。右上方的羽人呈飞翔状,身下有祥云数朵,向伏羲女娲飞来。

右下方有一小羽人,脚踏祥云向右侧飞去,是伏羲女娲刚刚生下的孩子。

整幅画面采用散点透视,主客搭配,张弛有度。飞扬流动的画面充满了蓬勃旺盛的生命力和对美好生活的向往和追求,令人浮想联翩。充分体现了汉人对现实生活的爱恋。

"伏羲女娲画像砖"属高浮雕工艺,区别于其他汉砖的淡浮雕和平雕,是我国历史上不可多得的瑰宝。另外该类题材还有郑州市新通桥汉墓的"乐舞神话画像砖",该砖呈梯形,一端平齐一端斜坡状,上

女娲 即女娲氏,我国古代神话人物。女娲氏是一位美丽的女神。女娲时代,随着人类的繁衍增多,社会开始动荡了。水神共工氏和火神祝融氏,在不周山大战,结果共工氏因为大败而怒撞不周山,引出女娲用五彩石补天等一系列轰轰烈烈的动人故事。

龙纹 青铜器纹饰之一。又称为"夔纹"或"夔龙纹"。青铜器上的装饰纹样之一。龙是古代神州传说中的动物。一般反映其正面图像，都是以鼻为中线，两旁置目，体躯向两侧延伸。若以其侧面作图像，则成一长体躯与一爪。龙的形象起源很早，但作为青铜器纹饰，最早见于商代二里冈期，以后商代晚期、西周、春秋直至战国，都有不同形式的龙纹出现。

下共模印有8层画像。

砖上部边缘有一排姿态优美的乐舞图，其下是一排奔鹿图，再下为一排草丛中奔跑的猎犬图。下部角端边缘是一排武士骑马图，其下为一排轺车图。

中部内容除大部分与边缘相同外，还有射鸟、执笏、驯牛、凤鸟、九尾狐与三足乌、玉兔捣药等画像，古拙奔放，富有浪漫主义色彩。

动物题材的画像砖以龙、牛、虎、马、鹿、鱼、象等为题材，这类型画像砖不是主流题材，因而在汉墓中出土较少。较典型的代表为"龙纹画像砖"。

龙纹画像砖，画面上以龙纹为主，线条流畅，气势磅礴，极富动感，而且从图案中可以看出，早在汉代时，作为我们中华民族象征的龙，其形象已十分丰满，开始腾飞了。

汉画像砖种类繁多，反映了劳动人民的聪明睿智和制砖工艺的高超水平。画像砖盛产于中原、西南和江南的广大地区，尤以河南和四川两省出土最多。

■ 凤凰画像砖

■ 人物画像砖

河南地区的画像砖，形制有4种，长方形的空心砖、长方形的实心砖、方形实心砖、空心柱砖。

河南砖一般是经印模多次压印的多个或多组有独立造型的形象，依据一定的构图方式组合在砖面上，形成一个更大的复合画面。并具有一定的创作随机性和装饰性。砖的内容与艺术形式，依不同的时期而呈现不同面貌。

洛阳发现的西汉空心画像砖，以高度抽象的图案为主，布局疏朗，阴刻线条简率、圆韧，具有抽象的象征意义。

东汉时期，基于对于孝的重视，厚葬成风，人们纷纷为逝者建造奢华的画像砖墓，东汉墓砖因而得到了长足的发展。

东汉墓砖从广义上来说属于画像砖，但是它与秦代及西汉时期的画像砖又迥然而异，东汉墓砖功能单一，专用于墓葬，且已经扬弃了图案化的构图，而以

洛阳 位于河南省，是被联合国命名的世界文化名城。最早建成于夏朝，有东周、东汉、曹魏、西晋、北魏等朝代在此定都，因此有"十三朝古都"之称，与西安、南京、北京并列为中国四大古都，也是我国历史上唯一被命名为神都的城市，洛阳是中华文明和中华民族的主要发源地，被称为"千年帝都，牡丹花城"。

六朝时期 一般指的是我国历史上三国至隋朝之前的南方6个朝代。即三国的东吴、东晋、南朝刘宋、南朝萧齐、南朝梁、南朝陈这6个朝代。六朝承启唐，创造了极其辉煌灿烂的"六朝文明"，在科技、文学、艺术等诸方面均达到了空前的繁荣，并开创了中华文明的新的历史纪元。

有完整画面的方形、长方形、条形的实心砖作为主要载体。东汉墓砖是"秦砖汉瓦"建筑材料一个重要的转折点，其形式已从秦汉早期的一砖一画，逐渐发展至六朝时期的大型砖印壁画。

其中郑州、禹县的东汉作品增加了神异物象，画面繁密，多重复组合。而南阳地区的东汉中期以后的作品，受当地画像石艺术影响较为明显，一砖一画，主题鲜明，绘画性强。

四川也是画像砖发现最集中的地方，以成都西北平原一带所发现的最为精美，时间大多属东汉后期。四川画像砖的形制主要有3种，即正方形砖和长方形砖，还有一种就是在数量和种类最多的条形砖。

每块砖都是一个完整的独幅画面，一次压印而成，一些砖要施彩，面貌接近绘画。

正方形砖的浮雕较低，线面相间，通过线条勾勒、强调和夸张动态，使画面具有刚柔相济之趣，代

■ 市井庄园画像砖

侍者画像砖

表了四川地区画像砖造型手法的典型面貌。长方形砖则浮雕较高,立体感强。

四川画像砖已知的题材有数千种之多,从各个方面反映了四川地区富庶的社会经济和丰富多彩的生活风俗,如宴乐舞戏、庭院楼阙、市井庄园、采桑渔猎、播种收割等。

与其他地区相比较,四川画像砖中的历史故事及祥瑞物较少,生产劳动与车骑出行等题材占了较大比重,艺术形式得益于对现实的观察。

主要有两种构图方式:一种是高视点构图,物象的空间位置清晰,纵深感表现得相当好;另一种是平面展开式构图,即散点透视法。

阅读链接

画像砖的产生早于画像石,战国晚期至西汉中期是画像砖艺术的滥觞期。

最早的画像砖几乎都是战国晚期各国都城宫殿上的建筑用砖,多为体量较大的空心砖和条形砖,主要用作官殿的台阶和踏步,其中以秦都栎阳和咸阳出土的画像砖最为精美。

秦汉画像砖是中华民族几千年灿烂文化的深厚积淀,再现了中华民族的勤劳勇敢、睿智善良、热情奔放、积极进取、热爱生活、珍惜生命、知书达理及追求理想的优秀品质。

图案设计优美的各类汉瓦

与"秦砖"一样,"汉瓦"也并非专指汉朝的瓦当,而指的是秦汉时期所使用的瓦当。

在我国西周早期,建筑所用的瓦当是素面的,呈半圆形,称"半规瓦",秦代的瓦当由半圆形发展为全圆形。秦瓦当的时代包括春

琉璃圆形瓦当

■ 植物纹半圆瓦当

秋、战国和统一六国后的秦朝,有半圆瓦当、大半圆瓦当和圆瓦当。

汉代瓦当是在秦代瓦当的基础上发展起来的,主要是圆瓦当,根据瓦当纹饰的区分,基本上分为图像纹瓦当、图案纹瓦当和文字瓦当。瓦当的图案设计优美,字体行云流水,极富变化,有云头纹、几何形纹、饕餮纹、文字纹、动物纹等,为精致的艺术品。

半圆瓦当是最早的瓦当类型,主要见于战国及秦代,西汉初年也曾流行,但武帝以后逐渐减少,半圆瓦当大体分为6类:

一是素面半圆瓦当,盛行于春秋中晚期至战国早期,战国中晚期至秦代只有少量发现,在秦咸阳遗址的半圆形瓦当都是素面的。有的筒瓦内拍有大麻点纹,并留有明显的一层层泥条痕迹,瓦色青灰,瓦质坚硬厚重,是早期秦瓦当的典型特征。

二是绳纹半圆瓦当,就是在素面半圆瓦当的当面

绳纹 是古代陶器的装饰纹样之一。一种比较原始的纹饰,有粗绳纹和细绳纹两种。绳纹是在陶拍上缠上草、藤之类绳子,在坯体上拍印而成的,有纵、横、斜并有分段、错乱、交叉、平行等多种形式。是新石器时代至商周时期陶器最常见的纹饰。

■ 莲瓣纹 我国古代陶瓷最为流行的花纹装饰，始于春秋，盛于南北朝至宋，流行于整个封建时代。春秋战国多用立体莲瓣作壶盖上的装饰。魏晋至隋代，莲瓣纹常用堆塑手法装饰在器物腹部，有的分几层装饰在器物的颈、腹、足各个部位，使器物显得繁缛华丽。也有用刻画和模印手法制作的。唐宋时，刻画和模印是莲瓣纹装饰的主要手法。

上有绳纹饰带，多与素面半圆瓦相伴出土，流行于春秋中晚期，沿用至战国早期。

在凤翔雍城豆腐村姚家岗春秋建筑遗址、马家庄春秋中晚期建筑遗址、凤翔瓦窑头都发现有绳纹半圆瓦当，早期简单的风格流露着瓦当童年时的纯真。

三是山云纹半圆瓦当，秦瓦当与燕国遗址发现的山云纹半圆瓦当很相似，区别在于秦瓦当上的云纹接于山形上，燕瓦当上的云纹多接边轮。这种秦瓦当多见于秦咸阳及渭河以南秦遗址中，如西安三桥镇就多有发现。

四是云纹半圆瓦当，这种瓦当的当面分两区，当心多饰网状纹。这种纹饰是秦统一后宫殿瓦当的主要图案。这种云纹带有明显的动物倾向，有些云纹作蝉状，有些云纹作蝴蝶状。

秦瓦当上的云纹工整精致,是汉朝云纹的样板,后世云纹瓦当都不及秦代瓦当精细。云是祥云,代表祥和之气。云纹瓦当表现了秦人渴望和平幸福的美好愿望。

五是植物纹半圆瓦当,植物纹中有叶纹、莲瓣纹和葵花纹。户县石井镇发现的瓦当、空心砖等秦代宫殿建筑构件中,其中有一块已残缺的秦代葵纹瓦当。

六是饕餮纹半圆瓦当,饕餮纹是半圆瓦当中最常见的纹饰之一。河北易县燕下都遗址发现了我国最大的饕餮纹半瓦当"燕国饕餮纹半瓦当",燕下都是燕昭王时期修建的,是燕国通往齐、赵等国的咽喉,也是燕国南部的政治、经济、军事重镇。

"燕国饕餮纹半瓦当"的纹样借用了商周青铜器上的图形。饕餮是一种传说中的神兽,相传它"有首无身,食人未咽,害及己身"。因此,器物上出现的

> **青铜器** 是由青铜制成的器具,诞生于人类文明的青铜时代。我国青铜器制作精美,在世界青铜器中堪称艺术价值最高。青铜器代表着我国在先秦时期高超的技术与文化。青铜器上布满了饕餮纹、夔纹或人形与兽面结合的纹饰,形成神灵的图纹,反映了人类从原始的愚昧状态向文明的一种过渡。

■ 云龙纹瓦当

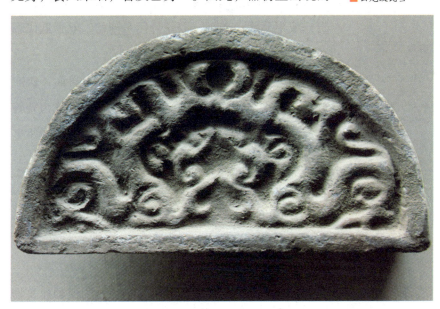

■ 饕餮纹瓦当

夔纹 是我国古代一种图案，表现的是传说中的一种近似龙的动物夔，主要形态近似蛇，多为一角、一足、口张开、尾上卷。有的夔纹已发展为几何图形。常用于簋、卣、觚、彝和尊等器皿的足、口的边上和腰部作装饰。盛行于商和西周前期。在当时的玉器上，亦常见雕琢有夔纹。

这种怪兽均只有头部形象，具有较高的收藏价值。

饕餮纹虽然是拼合组成的，但并不是随意拼凑的。古人在现实生活中的各类动物身上发现了应有的特质，于是在塑造饕餮形象时便取羊或牛角代表尊贵，取牛耳代表善辩，取蛇身代表神秘，取鹰爪代表勇武。

饕餮纹有的有躯干和兽足；有的仅有兽面，兽面巨大而夸张，装饰性很强，称兽面纹。古人认为饕餮能通天地，能通生死，公正威猛，勇敢多智，能驱鬼避邪。

"燕国饕餮纹半瓦当"最大直径可达0.36米，瓦当上方有可以插"山字形"垂脊的凹槽，为饕餮纹瓦当中等级最高的瓦当，用于燕国宫殿建筑或者祭祀区建筑等重要的燕王室建筑物上。

瓦当中的大半圆瓦当又称遮朽，是为保护建筑物顶部的檩子特制的，制时在整瓦的下底横向沿瓦筒切去约四分之一即可，直径一般为0.5米至0.7米。当面装饰着变形夔纹，呈山形构图。

这种大半圆瓦当安装在皇家宫殿两侧的檩头上，流行于秦代。这种瓦当非常大，不像一般瓦当用于椽头，而是用于檩头，既起装饰作用，又防檩子腐烂，因此称遮朽。

秦始皇陵北面2号建筑基遗址发现的大半圆形夔纹瓦当这件瓦当是发现的秦代瓦当中的最大者，被称为"夔纹瓦当王"。

夔又称夔牛，是传说中的一只怪兽，外形似龙，声音如雷，仅有一足。古人认为夔能辟邪。

这座建筑遗址是秦始皇陵的便殿，四组房子分布在东西向的一条直线上。遗址中的建筑材料做工十分考究，质量皆为上乘，除夔纹大半圆瓦当之外，还有云纹瓦当、几何纹半圆瓦当。

辟邪 广义的辟邪，或者民俗中的辟邪应该指一种行为以及它所引起的一些礼仪形式。我们在艺术史中说的辟邪是狭义的辟邪，是广义的辟邪行为所寄托的一种实物形式，或者说是辟邪行为的一种工具。所以可将广义上的辟邪称为"辟邪行为"，将辟邪行为中所要使用的工具称为"辟邪工具"，而将辟邪艺术品将称为名词"辟邪"。

动物纹饰瓦当

离宫 是指我国古代在国都之外为皇帝修建的永久性居住的宫殿，皇帝一般在固定的时间都要去居住。离宫也泛指皇帝出巡时的住所。我国有史以来最大的离宫是河北承德的避暑山庄。离宫有时也指太子居住的宫室。

这个大半圆形瓦当饰以粗绳纹，有麻点纹，夔纹遒劲，刀法简练，夔纹身躯屈曲盘折，极度夸张，线条有力，突出了立体感。夔纹反复盘曲，除了形成自身的曲线美以外，同时使纹样间的空隙部位形成美丽多样的空间。

这种纹饰完全承袭商周青铜器纹饰的传统作风。整个图案给人以美的享受，是我国古代陶雕中出类拔萃的作品。

辽宁绥中石碑地南接山海关，是秦始皇东巡时的行宫所在地。石碑地遗址发现的大瓦当，泥质灰陶，模制。

该大半圆瓦当当面呈大半圆形，边轮凸出。当面饰高浮雕夔纹，夔龙已简化，错曲盘绕，两相对称，状如山峦。筒瓦顶面拍印细绳纹，内面无纹饰。

这块夔纹大瓦当是秦始皇宫殿特用的建筑构件。秦始皇好大喜功，修建了许多离宫别馆，有"关内三百，关外四百"之说。著名的阿房宫和咸阳宫代表了秦代建筑的最高水平，规模宏大，雄伟壮观。

作为秦始皇自己未来死去居住的陵园，其建筑当然不可能逊于生前居住的宫殿。瓦当在古代建筑中是非常重要的建筑构件，是和整个建筑成正比的，由"夔纹

■ 奔鹿瓦当

■ 对鸟瓦当

瓦当王"之大，便可以推知秦始皇陵的建筑之大了。

半圆瓦当和大半圆瓦当流行于战国至汉初，汉中期以来已经很少用于建筑，与之相反，圆瓦当则在汉代得到了蓬勃的发展，并且成为瓦当的主流。

其中图像纹瓦当是最重要的类型之一，从战国时期开始出现，汉代以后发展成为建筑中最庞大的一种瓦当类型。

秦代瓦当纹饰有动物纹、植物纹和云纹3种。动物纹早期为单一动物，如奔鹿、对鸟、獾、豹等。中期为对称的扇面状图案，每个扇面有双鹿、对鸟和昆虫等。

植物纹有树叶、葵瓣、莲瓣等，有的外圈饰有6个卷曲纹，有的内圈缩小，形饰花蒂纹，外圈用尖叶纹和卷云纹相间组成变形葵纹。

秦统一前后的瓦当，主要饰以云纹，在边轮范围内以弦纹隔成两圈，以直线将内外圆面分为4个扇面，填以云纹，内圈饰以方格纹、网纹、点纹、四叶

扇面 顾名思义，就是扇子形状的一个面。在我国历史上，历代书画家都喜欢在扇面上绘画或书写以抒情达意，或为他人收藏或赠友人以诗留念。存字和画的扇子，保持原样的叫成扇，为便于收藏而装裱成册页的习称扇面。我国扇文化有着深厚的文化底蕴，是民族文化的一个组成部分，历来我国就有"制扇王国"之称。

四兽 我国古人以龙、虎、凤、龟四兽为动物之首，阴阳家则附会成天上苍龙、白虎、朱鸟、玄武四星宿。东方属木，其星对应苍龙；西方属金，其星对应白虎；南方属火，其星对应朱鸟；北方属水，其星对应玄武。说天有四星的精华，降生在地下成为四兽之体。有血的动物，以四兽为长，四兽含五行之气最盛。

纹和树叶纹等。

单体动物纹瓦当主要流行于战国前期秦都城雍城遗地。一般边轮较窄且不甚规整，当面没有弦纹，瓦呈青灰色，十分坚硬，瓦筒拍细绳纹。动物纹样包括鹿、虎、獾、蟾蜍、豹等。

凤鸟纹瓦当数量较多，种类丰富，形态有相同之处，基本为由颈、长翅、长冠、长尾分叉且上翘，长翅振起呈奔走或飞翔状，动感强烈。

但它们又不完全相同，在身体的肥瘦，冠、尾、翅的艺术表现手法等方面表现出一定差异。当面均为圆形。

还有的瓦当以一种动物纹为主，辅以其他动物或植物纹。如"虎燕纹"瓦当表现虎、燕相逐的场面，再现了猛虎快速奔跑时突然回首的瞬间，虎口圆张，眼见一心追逐它戏耍的飞燕即要丧生虎口。

■ 双兽半圆瓦当

虎威猛狰狞，燕轻捷灵敏，大小形成鲜明的对比。虎爪的锋利，虎头及脚部肌肉的发达，透露着森林之王的威势与敏捷。相形之下，飞燕的轻盈又显得那样无助，饿虎扑食的紧张气氛被渲染得让人透不过气来。

■ 飞兽圆形瓦当

又如"猎人斗兽纹瓦当"，画面中有一只怪兽，近似龙，头部有双角，后爪腾空跃起。原本庞大威猛的怪兽似在哀叫，小小的猎人自信地手持长矛直刺怪兽的心脏，场面惊险，形象简练，怪兽的庞大与人物的弱小形成强烈的对比，表现了游猎出身的秦人无往不胜的英雄气概和秦人对自然的征服力。

另外还有多个同种动物纹构成的瓦当，如双獾瓦当、四鹿瓦当等。"双獾纹瓦当"，当面圆形，面上饰有两只獾纹，交颈站立，尾巴卷起，嘴巴大张，利爪很有力感。双獾交颈，嬉戏欢鸣，体现了同类动物之间的亲情或友情。

秦代以动物画像瓦当为多，如鹿纹、四兽、夔凤、豹、鱼等。这些瓦当的内容反映了秦人祈福求祥的心理，以谐音的手法寓意吉祥，如獾寓"欢"意，鹿寓"禄"意，鱼寓"余"意，等等，这为后代吉祥图案的流行开了先河。

秦早期动物纹瓦当当面均无界格。秦中晚期后的

鹿纹 鹿是古人心目中的一种瑞兽，有祥瑞之兆。鹿纹原指鹿身上的花纹，人们将其多用于瓷器装饰纹样。玉器中最早出现鹿纹是在商代，以后各代屡有发展变化，各具时代特征，其造型丰富多彩，寓意吉祥，应用广泛，既是深受国人喜爱的装饰纹样，更体现了人们对美好生活的追求和向往。

瓦当渐渐分区了。

植物纹瓦当当面饰花叶纹，以秦故都雍城和西安三桥阿房宫遗址的莲花纹瓦当最著名。"莲花纹瓦当"直径0.162米，莲花蓬勃绽放，生机一片，筒瓦上印有"左宫"两字。

左宫是"左宫水"的省文，宫水是秦时中央督烧砖瓦的一个专门机构。瓦当上印上这一文字，说明此瓦为左宫水主持烧制，以示负责。宫字类砖瓦陶文大量见于秦始皇陵和阿房宫遗址，而有印章的瓦当比较少，这是秦瓦当的一种特色。

植物纹瓦当的出现略晚于动物纹瓦当，约出现于战国中晚期，主要有花叶纹，在秦故都雍城、芷阳、咸阳等遗址均有发现。

凤翔豆腐村遗址的莲花纹瓦当，是在中心圆四周有五朵花瓣，在花瓣的空间各有一只三角形的装饰物，构图丰满华美。

西安洪庆堡发现的四叶纹瓦当，其画面为四界格分区，每区有一只向外伸展的叶子，叶脉清晰。临道正阳遗址出土的花苞纹瓦当，纹饰双栏十字分区，每区有伸展的花朵，含苞待放，简洁明快。

这种图案与战国时期的四叶纹铜镜相似，是战国时期，除了秦国之外的齐、楚、燕、韩、赵、魏

阿房宫 遗址位于我国陕西省西安市三桥镇南，其范围东至皂河西岸，西至长安县纪阳寨，南至和平村、东四里，北至车张村，总面积达约11平方千米，史书记载秦惠文王时在此建离宫，宫未成而亡。秦始皇自公元前212年再次修建阿房宫，秦二世从公元前209年继续修建。秦末项羽入关，付之一炬，阿房宫化为灰烬。

■ 植物纹瓦当

牡丹花瓦当

六国装饰图案相互影响的明证。

葵纹图案瓦当装饰性强，品种繁多，成为秦瓦当的大宗。战国初期，葵纹瓦当出现并很快流行起来。在雍城、栎阳、咸阳等地都有大量被发现，成为关中地区最具特色的图案瓦当。

葵纹瓦当早期饰以辐射纹，并在辐射纹周围加以卷曲的水波纹或"S"纹，以单线为主。中期发展为双线，葵瓣较为粗壮，中心圆和外周的区别较大，中心圆像绳纹，葵瓣的弯曲度较大，葵瓣切入中心圆，浑然一体。

这些葵纹瓦当华丽美观，富有韵律感。后期逐渐向云纹瓦当过渡，西汉初年被云纹取代。

云纹瓦当是秦图案瓦当的主题，是从战国以来的葵纹演化而来的。从众多的战国至秦的葵纹瓦当中可以看到这一演变过程，葵纹逐渐演化为羊角形云纹、蘑菇形云纹，最终发展成云朵纹。

瓦当纹饰同其他装饰艺术一样，由繁至简，从写实至写意，由具体至抽象。云纹在其发展演变过程中吸取了自然界的云朵、花枝、羊角、蘑菇等因素，逐渐形成了较为抽象的卷云纹图案。

秦云纹瓦当的样式极为丰富，变化多种多样，其中以蘑菇形云纹居多，羊角形云纹次之。秦朝故都雍城、栎阳和秦都咸阳3处遗址最多。比如战国晚期的秦"云纹瓦当""羊角形云纹瓦当"和"蘑菇形云纹瓦当"。

云纹图案一般当心有圆突、网格、十字、四叶等，当面有4个分区。云朵有单线、双线两种。形状有羊角形、蘑菇形、几何形、卷云形。构图采取中心辐射、等量对称、四周均衡的原则。舒展流畅，华丽美观，富于变化。

由于云纹具有光亮、明快的特点，就像一朵朵缠绕的祥云飘在房檐上，更加衬托出宫殿高耸入云的非凡气势。

秦汉时期人们渴望求仙升天，祥云缠绕于建筑之上，使人有登上瑶台为仙，步入琼阁成神之感，因此云纹成为秦瓦当装饰的主流图案。

汉代瓦当风格古拙朴质，但古拙而不呆板，朴质而不简陋，装饰意趣极浓。云纹瓦当也是西汉瓦当中数量最大的一类。西汉初年至汉武帝时，仍沿袭秦代的蘑菇纹、羊角纹。汉武帝以后，西汉中晚期至东汉，绝大多数瓦当用的都是云纹。

汉代云纹瓦当花纹特

祥云 从周代中晚期开始，逐渐在楚地形成了以云纹特别是动物和云纹结合的变体云纹为主的装饰风格，到秦汉时期已是弥漫全国，达到了极盛。云气神奇美妙，发人遐想，其自然形态的变幻有超凡的魅力，云天相隔，令人寄思无限。所以，在古人看来，云是吉祥和高升的象征，是圣天的造物。

■ 云纹瓦当

征是，当面中心多为圆钮，或饰以三角、菱形、分格形网纹、乳钉纹、叶纹、花瓣纹等。云纹占据当面中央大面积的主要部位，花纹变化十分复杂多样。据主纹云纹的主要变化，大致分为卷云纹瓦当、羊角形云纹瓦当等类别。

卷云纹瓦当的图案形式一般都是在圆瓦当面上作四等分，各饰一卷曲云头纹样。变化较多，有的四面对称，中间以直线相隔，形成曲线和直线的对比；有的作同向旋转形。这样图纹的瓦当富有韵律美感。

■ 琉璃瓦当

咸阳渭陵陵园土阙内发现的一件卷云纹瓦当，直径0.18米，边轮较宽，当心为一圆钮，钮外有两周旋纹，旋纹间有一圈小连珠纹。外区以4组双线划分为4格，每格饰一组卷云纹，外区边缘又施一周网纹。具有显著的汉代云纹瓦当特色。

华阴华仓遗址的一件羊角形云纹瓦当直径0.14米，边轮残损较多，当面中为一圆钮，钮外施一周弦纹。外区以44道短线划分为4格，以界格线为中轴饰4组对称的羊角形云纹，外区边缘还施一周绳索纹。

图案纹是对现实生活中具体形象的高度提炼和抽象，是国画艺术的最高阶段。它运用几何线条简略地勾勒，是线的艺术。

而在这一过程中，所表现的对象被简化变形，其

国画 在古代无确定名称，一般称丹青，主要指的是画在绢、宣纸、帛上并加以装裱的卷轴画。汉族传统绘画形式是用毛笔蘸水、墨、彩作画于绢或纸上，这种画种被称为"中国画"，简称"国画"。中国画在内容和艺术创作上，体现了古人对自然、社会及与之相关联的政治、哲学、宗教、道德、文艺等方面的认识。

玄武纹瓦当

本来的含义已被逐渐忘却，而线条本身却在不断产生新的内涵。

图案纹又可分为生活图案纹和纯粹的图案纹。生活图案纹以图案的形式表现生活的某些内容，如树木纹，树枝笔直，成双成对，平行对称。云纹，或钩状，或单尾，双尾，或连干树枝，置于空间，都是自然中少见的。此外还有箭杆弯曲或穿云的箭纹、山形纹及一些变形的动物纹等，还可以看出其本来具体形象的痕迹。

纯粹的图案则完全脱离其具体直观形象，而不能直接看出所依据的来源形象。

汉代时，动物纹瓦当越来越少，最常见的是青龙、白虎、朱雀、玄武"四神瓦当"，多见于汉长安城遗址宫殿等建筑。分置于殿阁东、西、南、北不同方位上。

"四神"在我国古代最初分别代表天上东、西、南、北4个方位的星宿，战国时期已经有了关于"四神"的记载。汉代时更深信"四神"与天地万物、阴阳五德关系密切，有护佑四方的神力，因此用其驱邪镇宅，保佑社稷长存，江山永固。

"四神"瓦当堪称图像瓦当的代表。"四神"中青龙能呼风唤雨，象征东方、左方、春天，为四神之

■ 玄武 是一种由龟和蛇组合成的一种灵物。玄武的本意就是玄冥，武、冥古音是相通的。玄，是黑的意思；冥，就是阴的意思。玄冥起初是对龟卜的形容：龟背是黑色的，龟卜就是请龟到冥间去询问祖先，将答案带回来，以卜兆的形式显给世人。因此，最早的玄武就是乌龟。

首；白虎象征西方、右方、秋天；朱雀是理想中的吉鸟，象征南方、下方、夏天；玄武是用龟和蛇组合而成的，象征北方、上方、冬天。

"四神"也是4种颜色的象征，即蓝、白、红、黑。瓦当"四神"图案都有一个明显的中心，因其凸起似乳，圆尖似钉，故称乳钉。它与边栏形成呼应，给人以庄重的美感。围绕这个中心把纹样安排得稳定充盈。

四神瓦当十分注意细部的刻画，如龙的鳞甲、朱雀的羽毛、玄武的龟纹等都十分清楚。

"青龙纹瓦当"，直径0.19米左右。当面饰一龙，头有双角，颚下有髯，细颈短足，满身鳞甲，长尾翘起，双翼上扬，矫健如飞。

《史记·高祖本纪》记载："八年，萧丞相作未央宫，里东阙、北阙。"注引《关中记》称："东有

萧丞相（前257年—前193年），也就是萧何，江苏丰县人，早年任秦沛县狱吏，秦末辅佐刘邦起义。楚汉战争时，他留守关中，使关中成为汉军的巩固后方，不断地输送士卒粮饷支援作战，他对刘邦战胜项羽，建立汉代起了非常重要的作用。

■ 半圆瓦当

苍龙阙，北有玄武阙。"或谓"瓦图龙纹，当是苍龙阙瓦。"由此推测，此瓦应为汉宫内东向殿阁所用。

"白虎纹瓦当"，直径0.18米左右，当面为一虎纹，虎体态雄健，巨口大张，引颈翘尾做奔驰状。《淮南子》写道："西方金地，其兽为白虎。"那么这种瓦应为汉宫内西向殿阁所用。

"朱雀纹瓦当"，直径0.18米左右，当面为一鸟性动物，其状为凤头、鹰喙、鸾颈、鱼尾、头上有冠，羽毛散张，振翅欲飞，习称朱雀。说明这种瓦应为汉宫内南向殿阁所用。

"玄武纹瓦当"，直径0.185米左右。正中为一龟蛇，龟匍匐爬行。蛇卷曲蟠绕于龟体之上。亦有纹饰作一龟二蛇的。

有人认为："瓦图龟蛇纹，当是未央宫北阙之瓦。"证明这种瓦应为汉宫内北向宫殿所用。

■ 虎纹 青铜器纹饰之一。虎纹一般都构成侧面形，两足，低首张嘴，尾上卷。也有以双虎做成圆形适合纹的。初见于殷代中期，流行时间较长，一直到战国时代。在我国，虎乃百兽之王，时常被我国古代人民奉为"山神"。虎是中华民族原始先民的图腾崇拜物。

■ 朱雀纹瓦当

四神瓦当有多种样式，雍容典雅，制作精致，艺术水准极高。后世被广泛用于装饰图案中，堪称瓦当家族中的瑰宝。

除"四神"作品外，汉代图像纹瓦当的代表作品还有"蟾蜍玉兔瓦当"和"豹纹瓦当"等。

"蟾蜍玉兔瓦当"直径0.18米，边轮主齿轮状。当面主纹是蟾蜍和玉兔，蟾蜍圆目鼓腹，身后有短尾，四肢屈张做跳跃状，玉兔鼓目长耳翘尾，做腾空奔跃状，周围衬以蔓草纹，盖取一于民间传说月宫里的蟾蜍、玉兔形象。

"豹纹瓦当"直径0.16米，边沿略残，豹体随外圆自然回首，呈弓形，张口，身上有圆斑点，显示了豹的特征。

这些图像纹饰，运用线与面的有机结合，以写实

玉兔 原义是指我国古代神话传说中月宫里的兔子，后来也用来指月亮如"玉兔东升"。传说中月宫里有一只白色的玉兔，它就是嫦娥的化身。因嫦娥奔月后，触犯玉帝的旨意，于是将嫦娥变成玉兔，每到月圆时，就要在月宫里为天神捣药以示惩罚。

■ 兽头瓦当

的手法多方面逼真地摹写社会生活和自然景物，并时有突破，捕捉人类瞬息的灵感，去大胆地表现幻想中的物象。通过人类的艺术夸张和想象而创作的神话图像，有更高的艺术境界。

瓦当反映了古代的社会生活和人们的思想意识，可弥补历史文献之不足。秦瓦当的动植物图案是秦民游牧生活的反映，而云纹表示祥云缠绕，反映了秦民祈福降灵的心态。

阅读链接

关于秦汉瓦当中葵纹瓦当的源头，始终说法不一。传统的观点认为葵纹源于葵花，也有人认为是植物叶尖和动物尾部的结合体，还有人认为是从辐射纹、旋云纹演变来的。葵纹图案像水涡，可能象征流水。秦人主水德，秦代以水纹装饰瓦当应与此有关。

有人根据辐射纹极像太阳的光芒，秦"双凤朝阳纹瓦当"中的太阳酷似葵纹图案，认为葵纹应与太阳和火有关。

上述说法均有一定道理。装饰图案是通过对自然界的观察模拟，间接地折射人们的思想意识，成为一种有意义的形式，其最终目的是为了美化建筑，反映人们的心理需求。

装饰艺术的精品文字瓦当

瓦当本身具有保护屋檐，防止风雨侵蚀的作用。但将纹饰、各类文字刻在它上面后，它就成为艺术中的一枝奇葩，富有装饰效果，使建筑物更加绚丽多姿。

早在战国时期，齐国是当时最为强盛的国家之一，齐国都城临淄是当时规模最大、人口众多、经济繁荣的都市之一，在当地发现的瓦当就十分丰富，艺术风格独树一帜。战国齐故地发现文字类瓦当100余种。

齐国瓦当采用经过筛选的黄土做坯，经高温烧制，质地细密坚硬，色泽均匀，表里一致，呈灰色或蓝灰色。

齐国文字瓦当更直接地反映了人们的愿望与追求，齐国瓦当上的文字有"天

■ 出土的汉代"长乐未央"砖瓦

> **祠庙** 在我国古代，从皇帝到士大夫，都有祭祖先的祠庙。庙的级别高，皇帝家祭祖建筑物叫太庙，是至高无上的庙。祭圣贤、忠臣、烈士的建筑物，也称庙或祠。还有民间崇拜的传说中的神，要祭祀的山川之神，也都有专用的祠庙。

齐""千秋""千万""延年""千秋万岁""千秋未央""千秋万岁安乐无极"等。

齐国都城临淄发现的"天齐"文字瓦当，是齐国祭祖宗和天主的祠庙用瓦，也寓含吉庆之意。"天齐"两字是齐国通用的篆书。写时随形顺势，舒卷自如，毫无拘谨杂乱、繁简失序的习气。"天齐"原是泉水名，在临淄南郊山下。

其他地方发现的"天齐"文字瓦当，其年代可分为战国、秦、西汉3个不同时期，字形各异。秦统一六国之前，文字异形的现象很普遍，各地制瓦工匠都按照自己的习惯书写。

秦汉时期的文字瓦当还是秦宫殿与建筑物的标志。瓦当文字内容以宫殿和建筑物名称为主，也有地名、市署、记事、祠堂、吉语和杂类等。

属于宫殿和建筑物名称的秦文字瓦当有"该年宫当""橐泉宫当""来谷宫当""来谷""竹泉宫当""年宫""兰池宫当""楚""卫"等；反映地名的瓦当有"商"等；记事瓦当有"卫屯"等。

■ 汉代文字瓦当

另外，秦文字瓦当还有标志市署的如"华市"等；吉语瓦当如"维天降灵延元万年天下康宁""永受嘉福""延年""羽阳千岁""日月山川利"等；其他瓦当有

"佐戈"等。

在雍城西南的凤翔县长青乡堡子壕遗址发现有"蕲年宫瓦当"，根据文献记载和"蕲年宫瓦当"的地层情况，说明这里就是秦蕲年宫的所在地。

蕲年宫又叫蕲年观，初建于秦惠公时期，为祭祖后稷、祈求丰年而建。蕲年宫是秦代著名宫殿，秦始皇曾在此宫举行过加冕礼。

"蕲年宫当"均呈深灰色，当面模制，较平整，边轮较窄，所附筒瓦内饰布纹，外饰绳纹，瓦径大致相同，约0.16米多，当心为圆乳钉纹，乳钉外用双十字线分区，"蕲年宫当"4字均匀分布于4个扇面中。其中"蕲年"两字位于当面右侧，"当宫"两字位于当面左侧。

■ "取"字瓦当

与"蕲年宫瓦当"共存的还有一批制法基本相同的比如"橐泉宫瓦当""来谷宫瓦当"和"竹泉官瓦当"等。

"来谷官瓦当"，字体清晰规整，已发现有二式。一式当面径约0.164米，当心为圆乳钉纹，乳钉外用双线作十字分区。"来谷宫当"4字从右向左均匀分布于4个扇面中，当面右边为"来谷"两字，左边为"宫当"两字，字体端庄，线条舒展。

与一式不同的是，二式当面4字从左向右竖着读，左边为"来谷"两字、右边为"宫当"两字。谷是农作物的总称，来谷是祈求丰年之意。

加冕 就是把皇冠加在君主头上，是君主即位时所举行的仪式。新的皇帝如举行加冕仪式是皇帝亲政的象征，只有举行过加冕仪式的皇帝才算正式掌握朝政。这项仪式起源于我国，历史上传统皇帝是上天的代表，所以只能由皇帝命人代天举行这项仪式，任何人与组织宗教派别都是没有资格的。

■ 延年益寿瓦当

"竹泉宫当",当径为0.164米,当心为圆乳钉纹,乳钉纹外用双十字线分区。"竹泉宫当"的4字为小篆体,均匀分布于4个扇面中。

"年宫瓦当",中心为乳钉纹,其外有一圆圈,圈外以十字双线将当面等分为4个扇面,3个扇面内各饰有羊角似的卷云纹,一个扇面内为阳纹"年宫"两字。

"兰池宫当",为阳文小篆,合成圆形,字体古朴美观。兰池宫是秦代著名宫殿,秦始皇常游兰池,有时夜宿兰池宫。兰池宫是一座供游兰池时休息的离宫,因建在兰池之滨而得名。兰池是一个人工湖,湖面可以荡舟,又配有蓬莱山、鲸、鱼石等景观。

"卫"字瓦当,当面仅一繁体"卫"字,出土于阿房宫东北地下。秦始皇每灭掉一个诸侯国,总要仿建其宫室,"卫"字瓦当是秦始皇命人为仿建的卫国宫室烧制的。

与此类似,"楚"字瓦当则是为仿建的楚国宫室烧制的。

"商"字瓦当,1980年陕西丹凤县商邑遗址出土一块,1996年在原址附近又出土一块。瓦当为半圆形,当面充满一模印的"商"字,书体为小篆,笔画比较细瘦,转折生硬。

诸侯国 指我国历史上秦朝以前分封制下,由中原王朝的最高统治者天子对封地的称呼,也被称为"诸侯列国"或者"列国";封地的最高统治者被赐予"诸侯"的封号。诸侯国封国的面积大小不一,国君的爵位也有高低。诸侯必须服从王室,按期纳贡,并随同作战,保卫王室。

"华市"瓦当,圆形,瓦色青灰,当背不平,有明显的切痕,涂朱红色,当面直径0.135米,中心有一圆乳钉纹,外饰弦纹,乳钉外和弦纹间上下排列"华市"两字。字两侧各饰一单线卷云纹,当左侧填一鸟树纹,右为一卷云纹。华市为秦故都雍城市署之名。

"维天降灵延元万年天下康宁"瓦当,为12字吉语瓦当,发现于秦阿房宫遗址内,是秦始皇统一六国时期的产物。字体是标准小篆,笔法圆浑古妙。

"维天降灵延元万年天下康宁"瓦文分为3行,每行4字,行间饰有10个小圆形乳钉纹,四边有蔓草图案。文字中的吉祥语为了赞颂秦始皇的统一大业,宣扬王权统治和宗教迷信思想。

"永受嘉福"瓦当发现于陕西咸阳,其面径为0.158米,已残,中以十字线分割,上书"永受嘉福"4字,字体为鸟虫篆,颇似秦玺文字。体式优美,结构匀等。另一种无十字线作分格,以小点作中心,亦为秦瓦。

"延年"瓦当,一只鸿雁双翅展开,首尾两翼展做十字形,颈部伸得又长又直,是鸿雁高飞时的典型动作,"延年"两字刻在双翅之上,似被鸿雁托起,画面显得均衡美观。这是祭祀日月山川的神殿所使用的瓦当。

乳钉纹 古代常用纹饰之一。其是青铜器上最简单的纹饰之一。纹形为凸起的乳突排成单行或者方阵。另有一种,是乳钉各置于斜方格中间,以雷纹作为地纹,称"斜方格乳钉纹""乳钉雷纹""百乳雷纹"。此纹饰盛行于商周时期,殷周之际,乳钉凸出较高,周初有呈柱状形的。

■ 永受嘉福瓦当

"羽阳千秋"瓦当，是秦代羽阳宫瓦。面径0.18米。瓦当为圆形，已残。中为乳丁纹，四周上书"羽阳千秋"4字，4字布局匀称。"千秋""千岁""万岁"皆古时泛用之吉语。

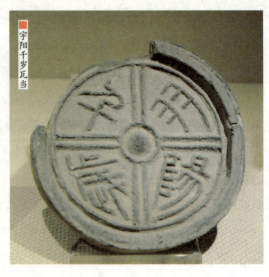
宇阳千岁瓦当

"羽阳千秋"瓦当发现于陕西宝鸡，同一地区尚发现有同一内容的"羽阳千岁""羽阳万岁"等瓦当。

"日月山川利"瓦当，面径0.14米，当心饰一"米"字纹，其外为环纹，环纹外饰水轮纹。"日月山川利"5字隐现于水轮纹之间，5字由左下方开始按顺时针方向排列，是将文字与动物纹、云纹等图案组合在一起的瓦当，既填补了文字周围的空间，又使画面显得充实和谐，生动活泼，增强了装饰性。

"卫"字瓦当

春秋战国至秦代是文字瓦当的萌芽期，到了汉代，终于步入巅峰，可谓百花齐放，争奇斗妍，琳琅满目，绚丽多姿。

文字瓦当在汉代最具时代特色，占有突出的地位，内容丰富，辞藻极为华丽，内容有吉祥颂祷之辞，文字瓦当绝大多数为阳文，字数从一至数十不等。

一字瓦当，即瓦当上只有一字，配以纹饰。如"卫"字，"卫"字瓦当传世很多，大都出自汉长安城遗址。当面为一"卫"字，通常占满当面。有的"卫"字较小，字外有一周网纹。有的当面或涂朱色，或涂白垩。

在陕西淳化县凉武帝村甘泉宫遗址采集的一件一字瓦当，直径0.15米，当面为隶书的"卫"字，从发现地点来看，应属汉甘泉宫卫尉官署所用之瓦。

西汉时长安城及周围的主要宫殿均设有卫尉，执掌守卫或防卫，如长乐卫尉、未央卫尉、建章卫尉等。《汉书》记载：

> 卫尉，秦官，掌宫门卫屯兵。……长乐、建章、甘泉卫尉皆掌其宫，职略同，不掌置。

少府 官名，始于战国时期。秦汉时相沿，为九卿之一。掌山海地泽收入和皇室手工业制造，为皇帝的私府。秦和两汉均设少府，王莽称共工，与大司农一同掌管财货。西汉政权的少府仍为管理帝室财政的重要机构。

汉代瓦当上的"卫"字表示守卫巡视的意思，此种瓦为汉代卫尉或城垣、宫门的卫屯屋亭所用。

一字瓦当代表作品还有"李"，

■ 汉代文字瓦当

直径0.153米，当面中部位一篆书"李"字，当为李姓家族所用之瓦。

二字瓦当，瓦当上面只有两字。代表作品如"佐弋"，此瓦当是秦代瓦当承续，常发现于汉长安城遗址。直径0.133米，当面自右向左横书篆体"佐弋"两字，字外有弦纹一周。

《汉书·百官公卿表》记载："少府，秦官……属官有……考工室、左弋。"佐弋即左弋，此瓦当应为佐弋官署建筑所用。

二字瓦当的代表作品还有"千秋"，如陕西省发现的一件"千秋"瓦当，直径0.185米，篆体千秋两字并列，自右向左横读，写得很散，布局似"千火禾"3字。

另在山东所发现的"千秋"瓦当多为半瓦当，当面中间以双道凸线相隔为左，右区，每区一字，"秋"字也写成"禾""火"，章法绝妙。

此外，在二字瓦当中最具代表性的还有"上林"瓦当，陕西西安上林苑遗址多有发现，是汉文景时期的文字瓦当。以小篆为基础加以规范化，与当时的汉印文字缪篆风格一致。笔画依当面弧形弯曲，当面边际凸起弦纹。文字竖读，疏落有致，瓦边平整宽阔。

汉代文字瓦当

三字瓦当即当面上只有3字，配以图案纹饰。代表作品有"甲天下"瓦当，该瓦当长0.198米，上部为一马一鹿图案，左右并列，下部"甲天下"3字凸起，篆书体。"甲天下"有显示地位之意。

四字瓦当中，有的为吉语，如"长乐无极""长生吉利""万岁未央"等，这类瓦当在品种和数量上非常多；有的文字表明墓葬名称，如"高祖万世""长陵西神""殷氏家当"等。

五字瓦当中有"鼎湖延寿宫""延年益寿昌"等。"鼎湖益寿宫"瓦当，宫字在正中心，其他字围成一周。

■ 鼎湖延寿宫瓦当

六字瓦当中有"千金宜富景当""千秋万岁富贵"等。

七字瓦当，有"千秋利君长延年"。

八字瓦当，有"千秋万岁与天毋极"。

九字瓦当，有"延寿万岁常与天久长""长乐未央延年益寿昌"等。"长乐未央延年永寿昌"瓦当，右半是"长乐未央"，左半是"延年永寿昌"。

十字瓦当，有"天子千秋万岁常乐未央"。

除上述外，瓦当文字还有10字以上的，如"维天降灵延元万年天下康宁""与民世世天地相方永安中正"等。

汉代文字瓦当中最长的瓦当为12字的，在汉武帝茂陵曾经出土过一个完整的十二字的瓦当，其外圈8字为"与民世世，天地相方"，内圈4字是"永安中

茂陵 西汉武帝刘彻的陵墓。公元前139年至前87年间建成，历时53年。茂陵陪葬墓还有李夫人、卫青、霍去病、霍光、金日磾等人的墓葬。它是汉代帝王陵墓中规模最大、修造时间最长、陪葬品最丰富的一座，被称为"中国的金字塔"。

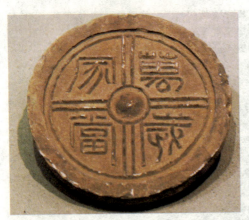

■ 万岁瓦当

正",为汉代瓦当中的精品。

另外有一件"苍天天作瓦",连小字似为16字,但因年代久远,已模糊不清。而且汉代文字瓦当中尚无发现十一字瓦当。吉语类文字瓦当多为吉祥颂语,种类繁多,内容丰富,用途较为广泛,从文辞内容上,又可以分为以下几个系列。

千秋万岁系列:有"千秋""万岁""千秋万世""千秋万岁与天无极""千秋万岁与地无极""千秋万岁""千秋利君""千岁""千秋万世长乐未央""万岁富贵""千秋长安""千秋万岁常与天久长"等。

"千秋万岁"瓦当,发现于汉阳陵南阙门遗址。圆瓦当中心有乳钉纹,四方起双阳线将当面4等分,每格填有一字,为自右向左直读书写。十分巧妙地用文字作装饰,具有图案美。边际有弦纹,瓦当边沿平整宽厚。整体风格自然、安详、质朴。

汉长安城遗址的"汉并天下"瓦当,当面直径0.17米,边轮较深,当面外缘有单线轮廓,内以双线十字界格分4个扇面,篆书"汉并天下"分置其中。中心有一圆柱,圆柱外有单线中心环。

长乐未央系列:有"长生未央""长乐万世""克乐未央""万年未央""安世未央""富昌未央""永年未央"等。

阳陵 汉景帝刘启及其皇后王氏同茔异穴的合葬陵园。景帝于公元前141年驾崩后葬于阳陵,15年后王皇后薨,合葬陵内。自景帝始修陵墓到王皇后入葬,阳陵修筑达28年。汉阳陵位于汉长安城的东北方向,是咸阳原上西汉帝陵中最东边的一座,与汉高祖的长陵相邻。陵区位于泾水和渭水之间,泾渭在其东不远处合流。

"长生未央"瓦当,面径0.192米,中心有乳钉纹,四方起双阳线将当面4等分,每格填有一字,自右向左直读书写篆书"长生未央"4字。

延年益寿系列:有"延寿长相思""延寿万岁""延寿万岁常与天久长""延寿长相思"等。

汉代篆书瓦当

"延寿万岁常与天久长"瓦当,从右至左依次为2字、4字、3字,布局依字之多少而变化,有活泼生动之美。运用文字线条依让伸缩,形成一种变化无穷的旋律。

长生无极系列:有"与天无极""与天毋极""与华无极""无极""长生乐哉""长生吉利""常生无极"等。

"与天无极"瓦当,寓意吉祥:与天一样万寿无疆。中心有乳钉纹,四方起双阳线将当面4等分,每格填有一字,为自右向左直读,书写篆书"与天无极"4字,字体结构随圆周变化。

与天无极瓦当

富贵系列:有"富贵宜昌""方春富贵""并是富贵""日乐富昌""大富""千万富贵""高贾富贵"等。其中"高贾富贵"瓦当,文字围成一周,不分界格,用云纹隔开。

无疆系列:有"亿年无疆""永奉无疆"等。其中

> **缪篆** 我国汉代摹制印章用的一种篆书体。王莽六书之一。形体平方匀整，饶有隶意，而笔势由小篆的圆匀婉转演变为屈曲缠绕，具绸缪之义，故名。清代学者桂馥《缪篆分韵》则将汉魏印采用的多体篆文统称"缪篆"。亦称"摹印篆"。

"亿年无疆"瓦当，字体用小篆写成，结构严谨，笔法颇见功力。

其他古语瓦当多种多样，如"长毋相忘""大吉日利""宜钱金当"等。这些古语瓦当文辞优美，言简意赅，充分反映了当时人们对美好生活的向往与追求。

瓦当上的文字有时可作为判断古代建筑年代、地址的实证，如"京师仓当"指出了西汉京师粮仓的具体位置，还有"长陵东当""长陵西当"等也有同样作用。

京师仓遗址位于陕西省华阴市矶峪乡西泉店村南，又名华仓，建于汉武帝时期，是为长安贮存、转运粮食的大型粮仓，容量上万立方米。

汉代之所以出现大量的文字瓦当，也是与书法的发展历史分不开的。汉代是我国书法艺术的自觉期，书法逐步摆脱了实用的意义，而走向纯美的艺术境界，从而铸就了书法大盛的时代，同时也是书体大备的时代。

■ 汉代八字瓦当

汉代把主要精力放在恢复生产与发展经济文化上，在文字的使用上一反常态，一改用笔烦琐、拘谨、速度慢的篆书通用文字，而吸纳秦诏版那种自由风格。

变用笔"裹锋前行"为"逆入平出"，将圆转勾连的曲线改变为平直方正的笔画，变圆为方，结体由长趋扁，形成"汉隶""以趣约易"的独特法则。

汉代文字瓦当分纯文字与图文兼有两类。文字书体大致有小篆、隶书、鸟虫篆、缪篆、龟蛇体，但以篆隶为主，且多阳文，阴文很少。其字有通假者、谐音者、省文者、上下左右互位者，往往一字多变达数十种，且字的排列也不拘一格。

■ 千秋万岁瓦当

无论在书体的迥异、次序的不同、字数的多寡等方面，汉瓦当文字均在当面规范内圆转勾连，随意屈曲，布局千姿百态，既寓意又传伸，体现出了书法美学的精神。

瓦当文字中的鸟虫篆书，似鸟虫形象，生动活泼别具一格。有意识地把文字作为艺术品，或者使文字本身图案化、装饰化，是从春秋末期开始的。

这种与绘画相似的字体，有的在笔画上加些圆点，有的故作波折，有的在应有的字画之外附加上鸟形用以装饰，这便是后来鸟篆、虫篆的起源了。

用鸟形的特征构成基本笔画而成的字极富装饰性。如"千秋万岁"瓦当中，"千"字于瓦心皆做飞鸟状，离奇、诡异且有致。这种似字似画的风格，反映了我国的文字起源于象形。

自然界的日月星辰、山川河流、飞禽走兽，其动

书法 文中特指中国书法。中国书法是一门古老的汉字的书写艺术，是一种很独特的视觉艺术。书法是我国特有的艺术，从甲骨文开始，便形成有书法艺术，所以书法也代表了我国文化博大精深和民族文化的永恒魅力。

■ 喜肃神灵瓦当

态与静态之物都是文字取法的对象，所以文字之形体与自然物真实的形体之间有着某种必然的联系。

鸟虫篆书的瓦当文字正是对自然物的描摹，更加彰显书法艺术变幻莫测的态势，无疑是基于文字与自然景物相通的观念。

但这种描摹并不排斥主观意愿在构成文字中的作用，而以抽象的点画来表现物象，并加以组合，既"师法自然"又融入了创造者的思想感情，即"外师造化，中得心源"。

瓦当文字的创造者以智慧之眼观察、捕捉、体味自然和人事中一切符合客观规律性、可以令人愉悦的生动形象。在当面上自觉地创造性地运用和谐、对称、均衡、变化、统一、古拙、淡雅、秀逸、雄奇等技巧，展现出了文字瓦当书法艺术的无穷魅力。

同一文字的瓦当当面变化多端，有的"千秋万岁"瓦当边框粗犷浑厚，文字却空朗轻灵，对比强烈，刚柔结合；还有的"万岁千秋"瓦当"千"字因笔画少，作"双勾"处理，与其他文字虚实结合，相得益彰、独具匠心。

或者"秋"字大胆删减，干净利落，似有非有，

老子 即李耳，字聃，一字或为谥伯阳。是我国古代伟大的哲学家和思想家、道家学派创始人，被唐朝帝王追认为李姓始祖。老子存世有《道德经》，其作品的精华是朴素的辩证法，主张无为而治，其学说对我国哲学发展具有深刻影响。在道教中老子被尊为道祖。

若隐若现，回味无穷，淋漓尽致地诠释了老子"有无相生"的观念，并对后世书法艺术影响深远。

"阴阳虚实"观念的根深蒂固，使文字瓦当艺术的创作体现了时代的思想和艺术审美风尚，开始了书法创作追求"意境"的艰苦探索。不仅讲究当面文字灵变、夸张、错落的造型及空间的布局留白，还将瓦当放置于建筑物整体及周围的自然环境来追求整体的和谐的"意境"美。

瓦当布于屋檐，从早到晚都可见到阳光，由于光照的强弱、角度的反差、色彩的明暗，再加上瓦文阴阳凹凸的衬托，给人以变幻莫测的美感。

文字美的基础在于功力、气势，而文字瓦当作为建筑物的装饰部分与庄严宏伟的高大建筑相陪衬，相感染，就更显得肃穆。而且，不同的建筑物，不同的地域，文字瓦当具有不同的风格。这样，不论是书法还是建筑物本身都会更加显示出具有个性的美。

我国书法常与诗、画配合在一起，文字瓦当也常用来书写富有情趣、祝愿、祈祷等含义的吉祥用语，或者与图画结合相得益彰。书法便借着文字或绘画的内涵创造出更深更美的意境。

瓦当往往在文字之余配以图案及乳钉等物，字为画添趣，画为字增色。

> **阴阳** 源自古代我国人民的自然观。古人观察到自然界中各种对立又相连的大自然现象，如天地、日月、昼夜、寒暑、男女、上下等，春秋时代的《易传》以及老子的《道德经》都提到阴阳。阴阳理论已经渗透到我国传统文化的方方面面，包括宗教、哲学、历法、中医、书法、建筑堪舆、占卜等。

"天"字瓦当

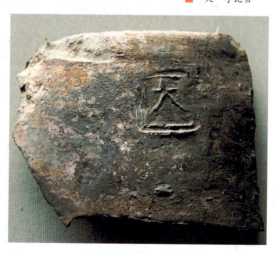

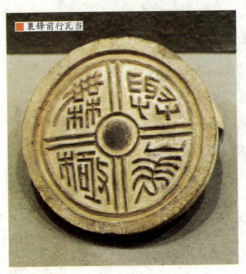

襄锋前行瓦当

如"冢上""雀纹宫"等,虽字少却生动活泼,图文并茂,无单调呆板之感;"年宫"瓦当,曲折方正的文字和3个单线云文相映成趣,极富装饰风味;"长乐富贵"瓦当,文字与图画布局合理,搭配得当,毫无杂乱之态。

瓦当圆圈的形状因记载文字数的多寡,而将其圆形分割为半圆、扇形或错落有致不拘一格,极大地发挥了艺术家的想象力、创造力,以万变应不变,获得了出神入化、神采飞扬的文字变形。

瓦当文字的奇特形体,正是被固有的空间形式"挤"出来的。这是充满全新意趣和生命力的创作,也是空前大胆的自由创作。

阅读链接

关于文字瓦当的起源,史学家们有不同的说法:有人认为始于西汉,有人认为始于秦代,有人认为源于战国。

为了破解文字瓦当起源之谜,1996年,陕西省考古研究所雍城考古队在凤翔县长青乡孙家南头堡子壕遗址进行了科学试掘,先后在秦代文化层和战国时期秦国文化层中分别发现了一批文字瓦当。

这批文字瓦当均为秦文字瓦当,考古工作者从而确定秦文字瓦当源于战国时代,这一论断已被公认是科学可信的。

我国古代那些曾经辉煌一时的宫殿建筑,随着时间的推移早已荡然无存了。通过众多神采各异的瓦当,可以遥想当年建筑的雄伟与华丽。

古代家具

东方艺术明珠

我国古代家具工艺有着悠久的历史,它的发展取决于人们起居方式的变化。

从商周到秦汉,是以席地跪坐为中心的家具;从魏晋到隋唐,是席地坐与垂足坐并存交替的家具;北宋以后,是以垂足坐为主的家具。

真正将我国古代家具推向艺术顶峰的,还是精工细作的明式家具。明式家具中夹杂着文人化的意趣,体现着古人求真崇朴的思想,这又是前朝后代的家具所无法拥有的。

处于蒙昧期的夏商周家具

夏商周时期,是我国早期家具的雏形阶段,也是我国传统文化的孕育期,家具的各种类型都已出现,少而简陋,且往往一物多用,例如,床既是卧具也当坐具。但是反映该时代的家具历史罕有文字记载和绘画描摹。

夏商周时期,我国古代家具的形制都以席地跪坐为主,这符合当时的生活习惯。然而后世家具的雏形也可在这时看到:席是床榻之始,青铜俎和几是桌案的鼻祖,礼器禁是箱柜的前身,斧扆则是屏风的先驱。

夏商周形成了天地崇拜的宗教意识,其家

青铜器丙簋

具也成为人与神沟通或显示皇权显赫的工具，带有浓厚神秘的宗教色彩。家具的使用功能主要为祭器，在造型上运用对称、规整的格式和安定、庄重的直线，来体现威严、神秘和庄重之感。

另外，夏商周王朝的等级制度在家具上也有所体现，不仅家具的形制、使用要按照严格的等级与名分行事，就是家具的材质、色彩、纹饰等也有不可逾越的严格规定。

■ 双耳陶罐

如席的使用，其材质、花纹、边饰等，都有相应的规定。周天子在封国命侯大典时，三重坐席为"莞筵纷纯"，即以丝带为边的莞席，和"缲席画纯"，即画五色云气为边饰的缲席，再加上"次席黼纯"，即竹席镶以黑白相间的花边。而以下的诸侯、卿大夫等，皆有符合其身份、地位的花饰。

席为我国最原始的家具，用作铺垫作息。一般呈长方形和正方形，大小不一，小方席称"独坐"，供一人使用，长方形席可多人同坐。

我国古代编织技术的出现至少不晚于新石器时代，各地普遍发现距今6000年前后的席纹陶片。

商周甲骨象形文字已达到4000余字，其中有一些直接反映这一时期的卧具，如"席"字示一长方形编为"人"字纹的席；"缩"字示一人卧于席上。

天地崇拜 指古人把天地中的自然物和自然力视作具有生命、意志和伟大能力的对象而加以崇拜。是最原始的宗教形式。当时人们尚未形成明确的超自然体的观念，但已开始具有将自然物和自然力超自然化的倾向。崇拜范围包括天、地、日、月、星、山、石、海、湖、河、水、火、风、雨、雷、雪、云、虹等天体万物及自然现象。

席经常和筵一起使用，所以称为"筵席"。《周礼·春官司几筵》注释上说：

> 筵，亦席也，铺陈曰筵，藉之曰席。可知筵在下，席在上。原料有苇、草、麦秸、竹、藤等。

席有各种名称。未秀之苇编席叫作"芦席"；长成之苇编席叫"苇席"；稻草、麦秸编席叫"稿"；蒲草编席叫"蒲"；竹、藤编席叫"簟"等。古时坐席的习惯一直延续到隋唐时期。

床是席的发展，是对"席地而卧"的改善。商代开始有文字记载的历史中也有关于床的记载。例如，"床"字示一有床腿支撑的平展床面。"宿"好似人坐卧在室内，"梦"犹如人卧于床榻上，"疾"像病人因疼痛而汗滴如雨躺卧在床上。

古代文字教材《说文解字》释为"判木为片，即制木为板"，其中的木片就是床的解释。从甲骨文和金文床的形象，可知此时尚没有床栏。

《说文解字》："床，安身之几坐也。

■ 戈鸟纹提梁卣

《说文解字》
简称《说文》。作者是我国东汉的经学家、文字学家许慎。《说文解字》成书于100年至121年，是我国第一部按部首编排的字典。根据文字的形体，创立540个部首，将9353字分别归入540部，系统地阐述了汉字的造字规律。

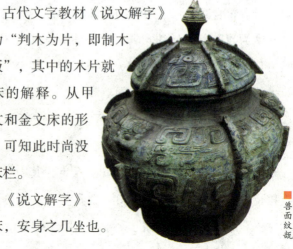

■ 兽面纹瓿

从木，爿声。"《释名》："人所坐卧曰床。床，装也，所以自装载也。"

床最早见于长台关战国楚墓的竹竿缠丝加铜构件作栏大床，该床长2.25米、宽1.36米。床屉很低，仅高0.21米。

还有一件大床发现于湖北荆门战国楚墓，长2.20米、宽1.35米，作折叠式构造。

山西陶寺夏文化遗址有数件最早的木案，这批木案仅高不到0.2米，可见那时席地坐卧的生活。

商代时青铜器已经在统治阶级生活中大量出现，从宗教与政治活动中使用的礼器到生活中用的酒器、餐具、炊具等逐步向真正意义上的家具转化。

以前祭祀用的用具礼器等如"几""俎""禁"等发展出了"案""箱""柜"等家具。从当时悬挂于堂上、尺寸超大的王权象征的礼器"斧""钺"发展出了屏风。

普及率最高的"席"的功能在社会上层也逐渐兼顾了政治、礼仪等多种用途，与平民百姓的"席"无论是选材、设计、还是外观皆有不同，是显示气度与富华的含义丰富的精神载体。

《周易》中记载了"莞""藻""次""蒲""熊"等多种席。它们所采用的材料与花色各有不同，装饰手法也各具特色。

当时的家具除席外，多数是采用浇

> **《周易》** 亦称《易经》《易》，在祖国传统文化宝库中占有重要的席位。《周易》是一部我国古哲学书籍，是建立在阴阳二元论基础上对事物运行规律加以论证和描述的书籍，其对于天地万物进行性状归类，天干地支五行论，甚至精确到可以对事物的未来发展做出较为准确的预测。

白陶盉

图腾 就是原始人迷信某种动物或自然物同氏族有血缘关系，因而用来做本氏族的徽号或标志。是原始人群体的亲属、祖先、保护神的标志和象征，是人类历史上最早的一种文化现象。

注、雕刻手法纹饰精美抽象、夸张的图腾造型的青铜器。所以广义上说那一时期的家具是"青铜家具"。

俎是古时的一种礼器，为祭祀时切割牲和陈放牲的用具。俎的历史最久，对后世家具的影响也最深。俎为四条腿，前后腿下端加一横木，使俎腿不直接着地，由横木承接，这是后世家具"托泥"的始祖。

如饕餮蝉纹俎，为青铜制成，俎面狭长，两端翘起，中部略凹。周身绕以蝉纹、夔纹、饕餮纹。可以从这种板足俎的造型中看到后世桌案类家具造型的身影。

这种四足俎延至周朝，上部的俎面为倒置梯形，上宽下窄，四壁斜收。俎面为槽形，为后世出现的带拦水线之食案先驱。

据文献记载，在传说的远古部落有虞氏时代，便有了俎，它为后世的桌、案、几、椅、凳等家具奠定了基础，实可谓桌案类家具之始祖。

几在古时是专为长者、尊者所设的凭倚用具，一般放在身前或身侧，所以几也可以说是靠背的母体。但到了春秋战国时，几的使用就不只是凭倚，还可放置器物，已具有桌案的功能了。

禁是商周时的礼器，祭祀时放置供品和器具的台子。如宝鸡商墓发现的青铜禁，长方体，似箱

■ 饕餮纹罍

弦纹灰陶

形,前后各有8个长孔,左右各有两个长孔,四周饰以夔纹和蝉纹。从此器上可看出箱柜的原始形态。

扆,即斧扆,或写作"黼依",是古代天子座后的屏风,在周朝,是天子专用的器具。它以木为框,糊上绛紫色的帛,上面画着斧纹,斧形的近刃处画白色,其余部分画黑色,这是天子名位与权力的象征。

我国古代的家具设计有着非常悠久的历史。商周的青铜器中有不少雕饰精美的俎、禁之类的家具。

在河北平山发现的战国时期的金银镶嵌龙凤案,便是早期铜制家具中的一件珍品。此案高0.37米,长宽各0.48米。器足以四只挺胸昂首的卧鹿承托一圆圈,圈足上是四条有翼的飞龙,龙体盘曲向上钩住每一侧的龙角,使其联结在一起呈镂空的球状。

每一条龙体的交连空隙处,又有一展翅的凤凰。每一条龙头上顶一斗拱形饰件,上架方案的边框。在造型上,鹿的形象驯良,龙的姿态雄健,凤作长鸣欲飞的样子,情态生动,富有生命力。

金银镶嵌龙凤案在工艺处理上光滑，焊缝无痕，表现出高超的冶金技巧，是一件精美的青铜工艺珍品，也是具有很高艺术性、技巧性与实用性的家具设计佳作。

河南信阳发现的战国时期雕花木案，案两端各有四条腿，以横木承托。案面雕有花纹，虽在地下埋藏2000年，但仍可辨其线条。

另外，在家具上髹漆和绘漆，是春秋战国时代家具的重要特色。随着漆工艺的不断发展，当时漆家具的品种明显增加。从众多的商周时期遗物来看，除了漆俎、漆几等原有品种之外，还新添了漆木床、漆衣箱、漆案等种类。

湖北随州曾侯乙墓中发现的战国时期漆案。案面较宽，下有六条腿，脚下有横木承托；漆面装饰华丽而庄重，时代特色浓厚。

同一地点的一件彩绘漆几，由三块木板榫接而成，结构合理，竖立的两块木板为几足，中间横板为几面。立板侧面绘饰云纹，精美无比。

另外还有一件战国漆衣箱，为长方形，箱盖隆起，箱盖箱底四周有把手，可合在一起。箱身黑漆红纹，非常精美。

湖南长沙楚墓的战国黑漆俎，整体上有黑漆。俎面一边有垂沿，两足似几腿，腿下有木坨承担，造型

■ 兽面纹觚

曾侯乙 姓姬名乙，他是战国时期南方小国曾国的国君。约在公元前463年前后成为诸侯王，在位约30年。生前非常重视乐器制造与音律研究，兴趣广泛，同时也是擅长车战的军事家。

独特，简单实用，素面无饰。

同时发现的战国凭几，造型沿用至魏晋时期，是最典型的凭几。几面以黑漆为底，略绘彩色花纹。

而河南信阳楚墓发现的彩绘大床，更是我国现存古代家具中的罕见珍品。该床长2.12米，四周立有围栏，两侧留有上下口，床面为活动屉板。

彩绘大床装饰技法上以彩绘和雕刻为主，通体饰有髹漆彩绘。这样既保留了家具的实用性，又提高了观赏价值，从而为汉代成为漆家具的高峰期拉开了序幕。

信阳楚墓还有一件战国金银彩绘漆案，长1.5米、宽0.72米、高仅0.12米，在漆底上绘有金、银漆，华美而简洁。

另外如战国时期的黑漆朱绘三角纹木俎，造型古朴敦厚，绘饰有极精美的三角形几何图案。从这一时期的俎的造型来看，已经具有桌案的雏形了。

湖北江陵望山战国楚墓中的一件彩绘木雕小座屏，长0.518米、高0.15米，楚国匠师将凤、鸟、鹿、蛙、蛇等55个动物交错穿插，回旋盘绕，栩栩如生。

除此之外，战国彩绘猪形盒，由盖与盒身合成，两头雕刻成猪头状，身下雕蹲伏四足，神态憨厚可掬，可以看出当时木器工匠们的巧妙构思和娴熟技术。

战国彩绘鸳鸯盒整个造型为一只立雕的鸳鸯，

> **江陵** 又名荆州城。江陵的城市前身为楚国国都"郢"，从春秋战国到五代十国，先后共有34代帝王在此建都，历时515年。至汉朝起，江陵城长期作为荆州的治所而存在，故常以"荆州"专称江陵。在1600余年间，江陵的建都有楚、南北朝和五代三段高潮。

■ 兽面纹桦

储物陶器

头部可以转动，身体镂空，背部有一长方形口，用一浮雕夔龙的盖覆于口上，将口遮严。全身以黑漆为地，朱绘羽纹，其间点饰着一些黄色斑点。

它巧妙地将鸳鸯的造型融于实用器中，再利用漆器的特长，饰以精美的图案，成为一件具有隽永艺术魅力的精品。

另外战国彩绘虎座鸟架鼓也是一件古代家具精品。

夏商周开始，家具的各种类型都已出现。家具与建筑一样，因社会生活和文化的不同而有时代、地域的不同风格，且往往与建筑同步发展。其构造方式也往往与建筑相通。

阅读链接

春秋时期，奴隶社会走向崩溃，整个社会向封建社会过渡，到战国时期生产力水平大有提高，人们的生存环境也相应地得到改善，与前代相比，家具的制造水平有很大提高。

尤其在木材加工方面，出现了像鲁班这样的技术高超的工匠，不仅促进了家具的发展，而且在木构建筑上也发挥了他们的才能。

由于冶金技术的进步，炼铁技术的改进给木材加工带来了突飞猛进的变革，出现了丰富多彩的加工器械和工具，如铁制的锯、斧、钻、凿、铲、刨等，为家具的制造带来了便利条件。相传锯子就是由鲁班发明的，工艺的改进也促进了家具的改进。

精美绝伦的秦汉矮型家具

秦国原是居住在我国西部的一个部落,由于秦国的变法比其他六国变革彻底,生产不断地发展,逐步形成了强盛的国家,对东部国家进行兼并战争。

公元前221年,秦始皇统一六国,建立了封建的中央集权国家,即大秦王朝。秦朝为了加强统治,巩固国家的统一,大力改革政治、经济、文化,统一法令、统一货币、度量衡和文字,这种集权的政治制度,反映在家具上是它的统一性和规模性。

另外,秦始皇和秦二世集中全国人力、物力与技术成就,大兴土木,构筑都城、宫殿、陵墓。秦朝的建筑具有雄伟、浑厚、博大、瑰丽的特点。

坛庙 古人用来祭祀天地、日月、山川、祖先、圣贤、神灵的纪念性建筑。《周礼·春官》中载有典祀，负责四郊坛庙的祭祀。其后历代都有掌坛庙祭祀的官员。祖庙与社稷坛如北京太庙、北京社稷坛等；天、地等坛如天坛、地坛；圣贤坛如曲阜孔庙及孔府等。

秦都咸阳规模宏大，雄壮宏伟的宫殿楼阁是需要大量家具的，秦朝家具在数量上极可能超过春秋战国。

进入汉朝时期，处于封建社会上升时期，我国封建社会进入第一个鼎盛时期，社会生产力的发展促使建筑、工艺家具产生显著进步，汉朝家具工艺有了长足的发展。

汉朝除了大规模建造宫殿、坛庙、陵墓外，贵族官僚的苑囿私园也出现了，它们的兴建和兴起共同推动了家具的发展。因此，秦汉时期既是我国古代建筑史上的又一个繁荣期，也是我国低矮型家具大发展的时期。

汉朝家具在继承战国漆饰的基础上，漆木家具进入全盛时期，不仅数量大、种类多，而且装饰工艺也有较大的发展。汉代漆木家具杰出的装饰，使得汉代漆木家具光亮照人，精美绝伦。

此外，汉朝时还出现了各种玉制家具、竹制家具和陶质家具等，并形成了供席地起居完整组合形式的家具系列。

■ 漆器茶案

那时，人们席地而坐，所用的家具一般为低矮型，如席子、漆案、漆几等，随用随置，并没有固定的位置。可视为我国低矮型家具的代表时期。

这一时期家具开始出现由低矮型向高型演进的端倪，并出现了软垫，而且制作家具的材料较为广泛。具体来说，秦汉时期室内陈设格局风格和家具的设计、制作、用材上都极有特点。

首先表现在以床榻为中心的起居形式。秦汉住宅建筑发展比较成熟，但由于经济条件和社会地位的差异，其住宅建筑规模大小、格局也不一样，所以没有一定的模式。从大量的秦汉住宅建筑及冥器上看，有的住宅规模很大，独立构成一个院落，也有较小的三合式与日字形平面住宅，其中住宅的室内环境使用功能相对比较完善。

■ 鱼人雕塑漆器

一般来说，多数住宅建筑中均设堂屋。住宅内主要有卧室、厅、堂屋和厨房等几种房间类型。但有些官宦及大户人家的大型住宅其大门两旁还设有门房，可以居留宾客。

住宅中前堂为主要建筑，后堂门内则设有居住的卧室、各种厨房和饮食、歌乐、库房等房间。普通家庭所居住的较小的住宅，只能简单地设置卧室和厨房等房间，以满足基本的居住需要。

住宅内各种房间的基本功能与家具的陈设格局，在许多汉代的住宅建筑、冥器、墓室壁画和画像石上都能够看到。从许多住宅冥器上的板门、交棂窗、窗内的帷幕、院中的晒衣木架，及墓室壁画和画像石上有描绘住宅内生活的场景，可以了解当时住宅室内的

冥器 就是陪葬器。我国以物陪葬的习俗古已有之。夏商时代的墓穴就有陪葬的人、兽、日用器物及金银玉器。战国至汉代早期厚葬之风大盛，许多王公贵族死后往往将大批他们生前所用的奴仆、器物带同下葬。到了汉代后期，已有采用替代品陪葬的例子了，如各种陶狗、陶羊、陶壶、陶猪舍等，这些才是真正意义上的冥器。

■ 漆器木盒

> **屏风** 古时建筑物内部挡风用的一种家具，所谓"屏其风也"。屏风作为传统家具的重要组成部分，历史由来已久。屏风一般陈设于室内的显著位置，起到分隔、美化、挡风、协调等作用。它与古典家具相互辉映，相得益彰，浑然一体，成为家居装饰不可分割的整体，而呈现出一种和谐、宁静之美。

功能与家具陈设。

卧室是住宅中最主要的房间，秦汉时的卧室多为正房，除了有地位的大户人家有专门用于会客的厅堂以外，多数家庭的卧室功能除了用于睡眠，还兼作起居室，会客、用餐和梳妆等其他日常起居活动也往往在卧室之中进行。

秦汉的建筑封闭性较差，南北方的室内家具设施与陈设格局是略有不同的。北方地区寒冷多风，卧室内以炕为主。设置床榻时，床榻上多数安放各种屏风，有些物品可以直接放在屏风上的格架上。

卧室中的床、炕等家具和设施陈设位置的上方往往设置帷幕，即使摆放架子床也是如此。

这一点从东晋、北魏的墓室壁画上也可以看到，壁画中男女主人的上方有悬挂帷幔的架子床的骨架。这是与北方传统的住宅室内格局相吻合的。

而南方地区比较温暖，当时卧室内架子床较少，多设置带有围屏或床屏的床较多，这类床很少设置帷幕。除了战国时期所见信阳的木床如此以外,还可以从马王堆漆棺画上见到这类床的形制。

当时,普通人喜坐在席或床上,经济富裕者除席、床外,还有专供坐的榻,形成以床榻为中心的起居形式。室内生活以床、榻为中心,床的功能不仅供睡眠,用餐、交谈等活动也都在床上进行,大量的汉代画像砖、画像石都出现了这样的场景。

在一些有地位的家庭中,往往单独设置客厅或厅堂,汉墓的冥器和辽阳汉墓壁画《家居图》中都表现了生活场景。在冥器中表现的男女主人公在厅堂内对坐相伴。

壁画《家居图》中,夫妻对坐于卧室内的架子床前方的榻上,男主人坐于榻上,前置一外曲栅足书案,案上有烛。女主人则坐于席上,前置一圆食案,上面摆放有碗碟等物品。

从这里可以看到厅堂内的格局、家具陈设与当时

马王堆 位于长沙市东郊浏阳河西岸,是西汉初期长沙国丞相、轪侯利苍的家族墓地,原为河湾平地中隆起的一个大土堆,根据2号墓中发现"长沙丞相""轪侯之印"和"利仓"3颗印章,确定该墓墓主即为第一代轪侯利仓,而1号和3号墓分别为利仓的妻与子之墓。两冢顶部平圆,底部相连,形似马鞍,故也有人称其为马鞍堆。

■ 漆器木梳

《异物志》 我国汉唐时期一类特殊的典籍，主要记载当时周边地区及国家的物产风俗，内容涉及自然环境、资源物产、社会生产、历史传说、风俗文化等许多方面。从汉到唐，至少有22种以上以《异物志》命名的著作出现。

西域 我国汉代以来对玉门关、阳关以西地区的总称。狭义上专指葱岭以东而言，广义则凡通过狭义西域所能到达的地区，后亦泛指我国西部地区。西域到了后来演变为我国的西部地区的含义，所以青海、西藏亦是属于西域的范围。

的生活习惯，还可以从男女主人所坐的家具、位置高低的不同，看到当时由于社会地位的不同，男尊女卑的影响依然存在。

床与榻略有不同，床高于榻，比榻宽些。榻除了陈设于卧室的床前以外，较大住宅中的榻主要是放在厅堂之中。榻有床榻和独榻之别，其使用扩大到日常起居与接见宾客都在榻上进行。

较大的榻上还放置有几，后面和侧面还立有折屏，有些屏风上还有安装器物架子。长者和尊者还要在榻上设幔帐。独榻较小，平时悬挂墙上，主要供来客使用。

设置于床上的帐幔也有重要作用，夏日避蚊虫、冬日御风寒，同时起到美化的作用，也是显示身份、财富的标志。

《异物志》中多处有"锯床""箕锯床"的记载。《后汉书》中记东郡太宁"冬日坐羊皮，夏日坐一榆木板蔬食出界买盐豉食之"。

在东汉后期，随着对西域各国的频繁交流，北方少数游牧民族进入中原地区，打破了各国间相对隔绝的状态，胡床逐由西域输入，渐受欢迎。

所谓胡床，就是可张可合、携带便捷、可以折叠的马

漆器木盒

扎，以后被发展成交椅等，更为重要的是为后来人们的"垂足而坐"奠定了基础。《益都耆旧传》中有"锯胡床，垂足而坐"之说。据《太平御览》记载："灵帝好胡床。"

■ 漆器木盒

床榻在秦汉时期得到很大发展，床开始向高型发展。《益都耆旧传》中说："刺史每自坐高床，为从事设单席于地。"

榻也有大者。《三国吴志鲁肃传》记载：

周瑜荐肃与孙权与语甚悦之，众宾罢退，乃独引肃还，合榻对引密议天下事。

从秦汉时期的壁画、画像砖、画像石、漆画、帛画、雕塑、板刻中可以推断，床榻是当时使用最多的家具之一。《后汉书徐稚传》：

陈蕃为太守，不接宾客，唯徐来，特设一榻去则悬之。

河北望都汉墓壁画中"主记史"和"主簿"各坐一榻。两榻形制，尺寸基本接近。腿间有弧形券口牙板曲线，榻面铺有席垫。

《太平御览》
我国宋代的一部著名的类书，为北宋李昉、李穆、徐铉等学者奉敕编纂。《太平御览》采以群书类集，分55部550门而编为千卷，所以初名为《太平总类》；书成之后，宋太宗一天看3卷，一年才读完，所以又更名为《太平御览》。

■ 精美的漆器罐

陕西绥德大瓜梁汉墓的石刻门楣，主要端坐小榻，前有人跪拜。江苏徐州洪楼村和茅村汉墓画像石上，都有一人独坐榻上，徐州十里铺东汉墓画像石中，有三人跪拜，一人端坐榻上的刻画。

河南郸城发现的汉榻为长方形，四腿，长0.875米，宽0.72米，高0.19米，腿足横断面矩尺形，腿间也有弧形曲线。榻面刻有隶书："汉故博士常山大傅王君坐榻。"

秦汉时期的屏风常与床榻配合使用。侧有屏风，烘托有序，配合建筑隔断，起挡风、屏蔽、分割、美化室内空间的作用，而构安静、稳定的空间区域氛围和效果。

榻屏是屏与榻相结合的新品种，标志汉代新兴家具的诞生。东汉李尤有一首《屏风铭》：

舍则潜避，用则设张，立则端直，处必廉方，雾露是抗，奉上蔽下，不失非常。

简短数句，描述了当时屏风的状态。

从汉代铜镜的装饰图形中可以看出，汉代的屏风多为两面型和三面型。

《西京杂记》
我国古代笔记小说集，其中的"西京"指的是西汉的首都长安。该书写的是西汉的杂史。既有历史也有西汉的许多遗闻轶事。作者疑为葛洪。其中有人们喜闻乐道、传为佳话的"昭君出塞""卓文君私奔司马相如"等许多妙趣横生的故事。还有成语"凿壁借光"，也是从该书的匡衡的故事中流传出来的。

《西京杂记》里记载有：

云母屏风，琉璃屏风，列宝帐于桂宫，时人谓之四宝官。

此时屏风一般多有装饰。郑玄注《周官》云："邸，后板也；其屏风邸，染羽像凤凰以为饰。"

厨房是住宅中提供饮食、进行炊事活动的房间，汉代住宅中的厨房已经完全同其他房间分离开来，几乎每个家庭都有单独的厨房。

橱柜是厨房中的主要家具，多陈设于房间的一角。辽阳汉代墓室壁画《庖厨图》是一个有关厨事活动的场面，实际上也就是表现了汉代厨房室内的使用及家具陈设情形。

在这个图中可以看到，厨房左上角布置了一件庑殿式顶盖的木橱，这是厨房中最主要的陈设家具，往往陈设在厨房的一角。一个丫鬟在开柜门，橱柜内放壶一把。

厨房中部摆放四足方案，旁边有四足圆案叠落，更多的四足方案叠落在远处，从中可以得知当时食案用完以后是收入厨房之中的。

图中许多人的前面都放置四

琉璃 亦作"瑠璃"，是指用各种颜色的人造水晶为原料，采用古代的青铜脱蜡铸造法高温脱蜡而成的水晶作品。其色彩流云漓彩、美轮美奂；其品质晶莹剔透、光彩夺目。琉璃是佛教"七宝"之一、"中国五大名器"之首。我国琉璃生产历史悠久，最早的文字记载可以追溯到唐代。

■ 精美的漆器鹿

> **奁** 原指古代用来盛梳妆用品的匣子，后来泛指盛放器物的匣子。还指陪嫁的所有东西，如奁田指陪嫁的田产；奁匣是陪嫁的镜匣；奁币为陪嫁的财物等。漆木制，也有陶制的明器。流行于战国至唐宋年间，作圆形、长方形或多边形，大多分层。

足方案、圆案待用，有的人弯腰正在俎上切肉，体现出忙碌的厨事活动场面。

这种情形还可以在云南大约同时期的铜奁盖上的雕塑，及东吴的漆盘中看到，当然这种生活场景是有一定社会地位的家庭了。

在四川彭县的汉代画像砖上也有一幅《庖厨图》，图中除一人正在烧炊，两人并坐于一曲棚足案前待食，后边同样叠落多个四足圆案，这个情形与辽阳汉墓《庖厨图》中两人并坐于一长条案后待食的画面完全相同。

从这两幅不同地域的《庖厨图》中可以知道，当时我国住宅内厨房的陈设、炊事习惯是大致相同的，食案叠落于厨房之中是普遍的现象。

■ 虎耳漆器瓶

秦汉时俎类家具品种较多，造型浑厚。除了在祭祀时承放各种供品以外，通常都在厨房中作为砧案使用。古人起居方式可分为席地而坐和垂足而坐两种方式，秦汉时期低矮型家具逐渐兴起与发展，并出现高型家具的雏形。家具形体变化主要围绕着低矮型家具和高型家具两大系列。

西汉时期，由印度传入榻登。《释名》注："榻登，施之大床前小榻上，登以上床也。"既然要在床前设榻登上床，说明那时床的高度有所增高。

秦汉高型床的兴盛和坐榻的出现，导致床前设几、榻侧设几的陈设组合应运而生。

汉代卧室中大型架子床往往放在卧室两侧或对门的墙边，床的两侧及床前可陈设床几。使用时除睡眠外，南方人多坐于床沿；较小的床两端多有床屏，床屏外侧放置床几。

架子床的整体为长方形，床面中间镶板，可以在上边陈设箱笼等物。床的四角在前代围屏床的基础上增加了摆放竹帘、蚊帐或帷幕的四根柱架，用以支撑床岭，也就是床顶盖，或悬挂帷幕幔帐。

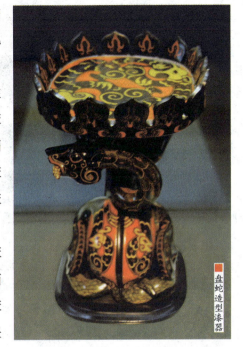
盘蛇造型漆器

有的床的后面及两侧均设可以拆卸的围屏或雕花式围栏，极少数为半屏，床前边采用罩的形式，并设床几。

这种造型与前代有明显的不同，后来历代床的造型与装饰几乎都吸收了这个特点。从晋《女史箴图》和马王堆汉墓漆棺画上床前、床侧的案几来看，床几不仅可以作为座具使用，而且起承托作用，用来放置各种包袱、物品。

几在汉代是等级制度的象征，皇帝用玉几，公侯用木几或竹几。几置于床前，在生活、起居中起着重要作用。

《女史箴图》
"女史"是女官名，"箴"是规劝、劝诫的意思。西晋惠帝司马衷不务正业，国家大权为其皇后贾氏独揽。朝中大臣张华便收集了历史上各代先贤圣女的事迹写成了九段《女史箴》，以为劝诫和警示。后来顾恺之就根据文章的内容分段为画，除第一段外每段有箴文，各段画面形象地揭示了箴文的含义，故称《女史箴图》。

■ 漆器木箱

竹简 战国至魏晋时代的书写材料。是削制成的狭长竹片、木片，竹片称简，木片称札或牍，统称简，均用毛笔墨书。竹简每片写字一行，将一篇文章的所有竹片编联起来，称"简牍"。是我国古代先民在纸张发明之前书写典籍、文书等文字载体的主要材料，是我国最古老的图书之一。

案的作用相当大，上至天子，下至百姓，都用案作为饮食用桌，也用来放置竹简、伏案写作。《西京杂记》中记述，汉时天子的玉几上冬天加有丝绵织物，大臣的木几上则加用橐，即毛毡缝制的口袋。这是最早出现的软垫。

几主要有案几、凭几两类。用于陈设物品的案几，几面较前代明显加宽，用来摆设各种物品。

湖南长沙汉墓有一件漆案几，其做法极为少见，长条形几面是用整块木材雕成的，几面向内凹成弧形，几面浅刻云纹，两端刻兽面，脚型是有附趾的栅足，这种案几是用来陈设包袱、物品的家具。

凭几是有3个蹄形足的特殊家具，几面较窄，几面后部上脑凸起一定的高度，上脑与扶手整体呈圈椅上部的半圈状，与汉榻配合使用，是供人们休息凭扶的一种家具。

徐州汉代画像石上就有一人坐于床榻上，身体向后依靠在一只三足凭几上的形象。凭几因社会地位的不同，使用与陈设方式也是有区别的。

汉代的几主要作用是在坐席时可以倚靠，讲求倚几而坐，形式有曲凭几、陶几等。几为常用家具，也是文人赋家的吟咏之物。梁孝王曾召集众文人游华宫，并让大家作赋吟咏宫殿陈设。

汉几在装饰上也有所区别。汉代几和案的形象在画像砖、文献、壁画、帛画和青铜器中都有体现。

几和案的主要区别在于几为凭倚之物，面窄，有一定高度；案是放置东西的承具，案面较宽，比几略低。

汉代的饮食用案已经极为普遍，因为当时仍以席地而坐为主，所以食案较低，而形态材质多样。

如广州沙河汉墓的铜银案为圆形，南昌汉墓的食案为长方形，河南灵宝汉墓的为陶食案，云南昭通汉墓的为长方形铜食案。它们具有案边起沿、案腿形式多样和相对轻巧的共同特点。

不过，汉代的案类家具已逐步加宽加长，主要有书案、食案两类。就其数量而言，前者明显多于后者。

其中食案的品种较多，既有兼作书案的高足食案，也有成语典故中"举案齐眉"所用有拦水线的矮足食案。

漆器木匣

案的使用从汉代墓室壁画《家居图》中可以看到，男主人经常用于会客、书写的长条案平时放于床榻前边，位置比较固定。而矮足食案平时陈放或叠放于厨房,从《家居图》下图中看到只有宴饮时,才将矮足食案放在床榻前的书案之上,构成叠案的形式。

鹰隼造型漆器

单纯用来就餐的高足食案则是使用时陈设于卧室或厅堂的榻前,用毕则收于厨房内叠放或陈设,这种使用方式同样是与人们的社会地位有关系。

书案为读书议事之物。《东观汉记》记载:"更始韩夫人待饮,见常待奏事,怒起抵破书案。"从甘肃武威墓的木案和山东沂南汉墓的栅足书案看,书案长于食案,也略高于食案。

汉代的墓室壁画,多有记录反映当时家具的形制、使用及组合形式。河南密县打虎亭东汉壁画"百戏图"画面有案于中,案上设杯盘等食具,案旁各坐一人,两侧侍从或跪或立,侍奉主人。

长沙马王堆汉墓发现的《西汉帛画》也有食案,画着一贵妇前两个捧案跪迎的奴仆,案上有精美的文饰,置有鼎、壶、耳杯等祭器,

漆器酒杯

看来,汉食案也可用作相近用途,如祭祀。汉案材质构成丰富异常,除木案、陶案、铜案外,尚有漆案。

秦汉时期的漆饰继承了商周,同时又有很大的发展,创造了不少新工艺,髹漆作坊遍布全国各地,髹漆技术进入了一个新的发展阶段。

连云港花果山下的唐庄汉墓漆案,案周身以黄、群青等色彩绘成精美而整齐的图案。长方形案面两端各有雕镂成四条龙形的柱足,并用十分纤巧的接合部件以支撑面板。

秦汉时,箱筐等家具使用已经比较广泛,卧室内陈设各种存放衣物的木、竹箱筐,厨房则放有存放食具、酒具、粮食的箱筐等。

江苏邗江胡场汉墓有一件双层漆笥,马王堆汉墓也发现大量的竹笥与木箱。

厨和柜都是汉代出现的家具,有别于传统箱筐,多为贮藏较贵重的物品。汉代橱柜经历两个阶段。

第一阶段的柜形低足,启门上开,体量大,容量也大;第二阶段约为东汉晚期,这时产生了立柜,可以认为系从仓库的橱发展变化而来,从陶仓陶橱模型中可看出渊源关系。

汉代家具新品尚有衣柜、镜台。汉代壁画出现了最早的镜台形象。为圆形底座上贯长方板,顶上安装圆盘。奁平时收藏,只有人们在梳妆时才取出,或席地而坐、或坐于榻上,用架将铜镜悬起,旁置各种妆奁。这种情形可以在东晋《女史箴图》中可以看到。

秦汉家具的特点是礼教性的含义逐渐减少,实用性日益加强。以髹漆木质家具为主要特征,几乎每件家具

> **彩绘** 在我国自古有之,被称为丹青。其常用于我国传统建筑上绘制的装饰画。我国建筑彩绘的运用和发明可以追溯到2000多年前的春秋时代。它自隋唐开始大范围运用,到了清朝进入鼎盛时期,清朝的建筑物大部分都覆盖了精美复杂的彩绘。

■ 储物用漆器

都以髹漆彩绘。

汉代家具时期是继战国髹漆家具以来的一个鼎盛时期。采取的是黑地红绘,又是典型的汉代家具装饰手法。

秦汉家具的装饰风格集中反映了秦汉文化的时代特点,家具上的装饰花纹主要以云气纹为主,其表现形式有十几种之多。流云飞动的装饰成为这个时代家具装饰最明显的特征。

家具彩绘所用颜料,有的调油、有的调漆,所以经久不脱色,色泽鲜艳。还有堆漆的方法,用近似锤柁用具挤压漆液形成起线的装饰花纹,雕刻手法被广泛用于家具的装饰艺术中。

汉代漆器生产中心主要集中在四川蜀郡和广汉郡。公元前85年至公元61年前后,是汉髹漆技术和生产的鼎盛阶段。汉代漆器数量之多,分布之广,几乎遍及全国。反映了汉代使用漆器已十分普遍。

广州龙生冈汉墓发现有漆耳杯、漆方盘、圆漆套盒、漆案等。

广州东郊汉墓有漆椭圆三格盒、漆盘、漆虎子等。安徽合肥西郊汉墓有套盒、漆盘、漆杯、漆箱等。

浙江宁波西汉墓有漆盒、漆梳等。

湖南马王堆一号墓有漆器

> **云气纹** 是一种用流畅的圆涡形线条组成的图案,是我国传统的纹样。从商周的"云雷纹"、先秦的"卷云纹"、两汉的"云气纹"和隋唐以来的"朵云纹""如意纹",都是当时典型的、定型化的纹饰,在陶器,青铜器,漆器,铜镜到陶瓷,都能看见它活跃的身影。其产生的根本原因是汉魏时代,对自然的崇尚和对神仙的崇拜。

■ 储物用漆器

184件，二号墓达316件，共计500余件。

以上漆胎，多为木胎，有旋制、剜消和卷制三种做法。木器制作技艺为后世家具的发展起到了积极的推动作用。

当时的木器制作，已相当精良，而且分工较细，有专门机构管理。《汉书地理志》，"严道有木官"，木道为运输木材的官吏，可以想见其规模和品种。

秦汉时期的木雕工艺，在承袭春秋战国时期木雕工艺发展的基础上，又有较大的发展和提高。长沙地区发现的雕花板，为传统的精巧木制品。

河南信阳春秋战国时代楚墓及湖南长沙战国墓中的漆案、雕花木几和木床，反映当时已有精美的彩绘和浮雕艺术。

秦汉家具的材料除木材外，还有金属、竹、玻璃、玉石等。距今约7000年历史的河姆渡遗址中有一件木胎漆碗，碗的内外均有很薄一层朱红色生漆涂料，色泽鲜艳，微有光泽。

漆是漆种木本植物的分泌物，主要成分是漆醇。从漆树上取出的漆汁中含有一些水分，称生漆。生漆在日光下边搅边晒脱水以后，就成了深色黏稠状的流体，称熟漆。把它刷在用具上，就成为原始的漆器。加入彩色颜料，就成为原始的色漆。

我国古人在制漆器时，常在漆里掺入桐油等干性植物油。制造彩色漆器则用桐油与各种颜料或染料混合而成的油彩加绘各种花纹图案，形成了具有独特民

■ 漆器油灯

河姆渡遗址 我国浙江省余姚市的河姆渡的新石器时代文化遗址。主要分布在杭州湾南岸的宁波、绍兴平原，并越海东达舟山岛。年代约为公元前6000年。河姆渡文化的发现与确立，扩大了我国新石器时代考古研究的领域，说明在长江流域同样存在着灿烂和古老的新石器文化。

镇墓兽 是我国古代墓葬中常见的一种怪兽，有兽面、人面、鹿角，是为震慑鬼怪、保护死者灵魂不受侵扰而设置的一种冥器。是楚墓中常见的随葬器物，也是楚漆器中造型独特的器物之一。此种器物外形抽象，构思诡诡奇特，形象恐怖怪诞，具有强烈的神秘意味和浓厚的巫术神话色彩。迄今出土的镇墓兽共约200件，均为战国时期文物。

族风格的漆器工艺。

漆器制品坚固耐用，外表光泽美观，体质轻巧，深受人们的喜爱。春秋时期，我国已经重视漆树的栽培。春秋晚期出现髹漆彩绘的几、案、俎、鼓琴、戈柄、镇墓兽等。战国时期，工匠已初步认识到漆膜对器的防腐保性能。

许多漆器上还绘有各种彩色花纹图案。漆器彩绘中包括红、黄、蓝、白、黑五色和各种复色，所用颜料大致是朱砂、石黄、雄黄、雌黄、红土、白土等矿物性颜料和蓝靛等植物性染料。

秦汉时期油漆技术进入新的发展阶段，遍布全国各地，《史记·滑稽列传》中有关"阴室"的记载，阴室是制漆时候的特殊专用房间，因为漆醇在阴湿环境下容易聚合成膜，干后又不易裂纹，阴室的设置为此提供条件。

■ 漆器鱼纹盘

汉代官营漆器作坊分工很细，有素工、髹工、上工、黄涂工、画工、清工、造工等工种。

秦汉在家具设计上，实用和美观相统一。榫卯构造向灵巧活动方向发展，设计意匠极为巧妙。如设计活动几、活动屏风等，家具造型大多直线形，方方正正，大有"无规矩不成方圆"之意。透过依附于家具本身抽象直线的造型和流云飞动的装饰，让人们看到辉煌灿烂的秦汉王朝的遗风。

大雁型漆器

阅读链接

成语"举案齐眉"中的梁鸿，字伯鸾，由于梁鸿的高尚品德，许多人想把女儿嫁给他，梁鸿谢绝他们的好意，就是不娶。与他同县的孟氏有一个女儿孟光，长得又黑又肥又丑，而且力气极大，能把石臼轻易举起来。每次为她择婆家，就是不嫁，已30岁了。

父母问她为何不嫁。她说："我要嫁像梁伯鸾一样贤德的人。梁鸿听说后，就下聘礼，准备娶她。

后来他们一道去了霸陵山中，过起了隐居生活，他们以耕织为业，或咏诗书，或弹琴自娱。 不久，梁鸿为避征召他入京的官吏，夫妻两人离开了齐鲁，到了吴地。

梁鸿一家住在大族皋伯通家宅的廊下小屋中，靠给人舂米过活。每次归家时，孟光备好食物，低头不敢仰视，举案齐眉。梁鸿也总是彬彬有礼地用双手接过盘子。他们夫妻相互尊敬，恩爱地生活着。

婉雅秀逸的魏晋南北朝家具

从商周至三国时期，跪坐是人们主要的起居方式，因而相应形成了低矮型的家具设计。席与床、榻是当时室内陈设的最主要家具。直到汉朝时期，床、几、案、衣架等都还很低矮，屏风多置于床上。

而到了魏晋南北朝时期，胡床逐渐普及民间，并且出现了其他各种形式的高坐具，如扶手椅、圆凳、方凳等。

南北朝时期的青瓷印纹唾壶

这时，我国历史进入了一个较长的分裂期，魏、蜀、吴三国鼎立，最后由西晋结束，西晋皇族后来又在江南成立了东晋；我国北方则陷入民族混战，泛起了许多政权，称十六国。

每个朝代的家具与社会及社会主体是紧密相连的，并以人的需要而诞生、变更，魏晋南北朝时期是我国古代家具设计的重要转折点，以社会的前进而发展。从文化的各个方面可以看到社会对家具的影响和相互作用，可以这样说，家具诞生于社会文化。

其原因在于，魏晋南北朝是我国历史上思想发展的重要历史时代，也是继战国"万马齐喑"之后又一个思想解放的时期。随着儒学的深入普及，新的人生价值观、生活生产观、社会伦理观不断产生，哲学也不断发展，魏晋玄学就应运而生了

这个时期，北方和西方民族的内迁和佛教的普及，都对家具的发展产生了重大影响。我国建筑从此时开始发生最显著的变化，首先在于起居方式及室内空间方面，即从汉以前席地跪坐，空间相应较为低矮，逐渐改为西域"胡俗"的垂足而坐，高足式家具兴起，室内空间也随之增高。

从魏晋南北朝开始的这一趋势，对以后的影响越来越大。佛教在这一时期渐趋普及，也对家具产生了一定影响，主要体现在如"壸门"的出现和莲花纹等装饰纹样的使用。

人们起居方式和家具从低向高渐变的关键转折是历史的必然。从此我国家具设计才算有了真正意义上的进步，并为今后明代家具的辉煌打下了基础。我国家具发展史上，魏晋南北朝时期确切是一段非常重要的时代。

■ 北周鎏金胡瓶

三国 我国历史上东汉与西晋之间的分裂对峙时期，有曹魏、蜀汉、东吴3个政权。三国时代波澜壮阔，充满生机，常引起后人追思。晋代陈寿所著史书《三国志》，对研究三国历史颇有参考价值。明代罗贯中以三国历史为蓝本，编撰小说《三国演义》成为中国四大名著之一。

■ 古代胡床

各民族之间文明、经济的交融，对家具的发展起到促进作用。魏晋南北朝时期上承两汉，是我国历史上的一次民族大融合时期；下启隋唐，从此，为以后各朝代家具的兴盛发展奠基了基础。

这一时期，中原地域的汉人接收了不少外来的观点。这种风尚的传播开始时是自上而下的，并在胡汉杂居的东南地区首先为部分汉人接受。

《后汉书·五行志》中便记载，汉灵帝"好胡服、胡帐、胡床、胡坐……"，甚至"京师贵戚皆竞为之"。在这种背景下，各种各样高型家具相继兴起。胡床等高型家具传入，并与中原家具融会，使得部分地区泛起了渐高家具，椅、凳、墩等家具开始渐露头角，卧类家具亦渐渐变高。

床明显增高，能够垂足而坐，并加了许多床顶、床帐和可拆卸的多折多叠围屏。

这时也出现了许多新的家具款式，如胡床、凭几、椅、凳等。最大的发展是高型坐具如凳、筌蹄、胡床和椅子等的开始出现，以适应垂足而坐的生活。

关于凳子的最早记载，可见《晋书·王羲之传》：

魏时凌云殿榜未题，而匠者误钉之，不可下，乃使韦仲将悬橙书之。

王羲之（303年—361年），东晋书法家，他博采众长，精研体势，一变汉魏以来波挑用笔，独创圆转流利之风格，隶、草、正、行各体皆精，被奉为"书圣"。其作品真迹无存，传世者均为临摹本。其行书《兰亭集序》《快雪时晴帖》、草书《初月帖》、正书《黄庭经》《乐毅论》最为著名。

所谓"橙"就是凳子,因其较高,故称"悬橙",可站在上面书写榜额。当时凳子的形象可见于敦煌莫高窟北魏第257窟壁画。

筌蹄即后来所称的绣墩,多见于佛教石窟壁画或雕刻,如敦煌莫高窟西魏第285窟壁画和洛阳龙门石窟北魏莲花洞壁面雕刻,传世的石刻佛座也常为筌蹄。据此,似乎筌蹄与佛教有一定的关系。唐代仍称筌蹄,五代和宋代改称绣墩。

胡床,后俗称马扎,以两框相交为支架,可以折叠,也比较高,可以垂足而坐,东汉已经有了,此时造型没有什么改变,只是更加普及了。敦煌石窟北朝壁画中胡床常有出现,也见于唐朝阎立本《北齐校书图》。

椅子出现较晚。这一时期仅有极少的信息,一是在新疆尼雅遗址发现的一把木椅,时间相当于我国的晋代,其造型和装饰风格全是犍陀罗式。这是一件商旅带入我国的家具。

另一例是敦煌莫高窟第285窟壁画"山林仙人"所坐的一把椅子,与佛教活动有关,可说是最早见到的禅椅,仙人在上盘腿结跏趺坐,与垂足坐不同。

这个时期仍以席地而坐为主,故凭具仍有发展。

凭几除大量为直形外,在长

五行 存在于我国古代的一种物质观,多用于哲学、中医学和占卜方面。五行指:金、木、水、火、土,认为大自然都是由这五行构成的,随着五行的兴衰,大自然发生变化,从而使宇宙万物循环,影响人的命运,是由于我国古代对于世界的认识不足而造成的。如果说阴阳是一种古代的对立统一学说,则五行可以说是一种原始的普通系统论。

古代方禅椅

■ 东晋陶凭几

> 谢朓（464年—499年），南齐代表作家。他的诗多描写山水景色，风格清逸秀丽，完全摆脱了玄言诗的影响，为当时人所爱重。他是南齐永明体诗的代表作家，和沈约、王融等人根据汉语的四声研究诗歌中的声、韵、调配合问题，提出了"八病"之说，开创了永明体。谢朓的山水诗与谢灵运齐名，世称二谢；又因谢朓与谢灵运同宗，故又称大小谢。

江流域的下游又发展了有较大改进的弧形凭几，多陶质，说明在这个区域相当普遍。

安徽马鞍山三国吴朱然墓发现的褐漆曲形凭几是最早一例实用凭具，几长695毫米、宽129毫米、高260毫米，几面弧形，三足作兽蹄状，造型有很大代表性。通体褐色，朴素无华，也就是后世所称的乌皮隐几。南齐谢朓写过一首咏乌皮隐几的诗。

与凭几异曲同工，此时又出现了在床榻上倚靠的软质隐囊。《颜氏家训》透露，南朝士族弟子"凭斑丝隐囊"成风，是以斑丝织物覆面。隐囊的形象可见于洛阳龙门石窟宾阳洞维摩诘说法石刻和传世《北方校书图》。

此时新兴的卧具为架子床。最早的床多有围栏而无架。汉代床上设有帷幔，似已有支架。

东晋顾恺之《女史箴图》最早绘出了一具架子床：床座饰壸门，四角立柱，柱间围立高床屏，上设顶，四周张设帷帐。应是汉代"斗帐"的发展，带有架子床初创期的特点。此床床屏约高0.5米，在人腋下，高于后代床围。床前放有与床等长的栅足式几，汉代称"桯"。

《北齐校书图》绘有一座壸门式大榻，榻座立面有壸门，正面4个、侧面两三个。榻上坐4人，并摆放笔、砚、盂和投壶。按榻的面积，还可再多容数人。

这是在汉代榻的基础上发展出来的新家具。在大榻上仍是席榻而坐，只在榻边垂足。唐代仍应用此种大榻，同时将此发展为大型桌子。

所谓"壸门"，是一种轮廓线略如扁桃的装饰纹，底线平直，上线由多个尖角向内的曲段组成，两侧曲线内收。壸门形象以后在唐宋所见特多，集中用在作为佛座、塔座和大型殿堂基座的须弥座上。

大同北魏司马金龙墓有一具床后屏风，因墓曾遭受破坏，尚存面积较大的5块，每块高约0.8米、宽约0.2米、厚约0.02米。

床后屏风上满绘取自《孝经》《列女传》的传统故事，富于劝诫意味；以朱红漆地，用黑线画出轮廓，人物面部和手涂铅白，并有浓淡渲染，较好地表现了肌肤色调和立体感。

服饰器物涂黄、白、青、橙、红、灰蓝诸色，榜题及题记为黄地墨书，色彩十分绚丽，线条自如。

据墓志，司马金龙历任北魏高官，去世于484年。

> 《孝经》 我国古代儒家的伦理学著作，传说是孔子自作。《孝经》以孝为中心，比较集中地阐发了儒家的伦理思想。它肯定"孝"是上天所定的规范，指出孝是诸德之本。在我国伦理思想中，首次将孝亲与忠君联系起来，认为"忠"是"孝"的发展和扩大，并把"孝"的社会作用推而广之。

■ 古代架子床

■ 黄釉扁壶

华夏 华夏一词由周王朝创造。最初指代周王朝。公元前2100至公元前770年，黄河中下游黄帝的后裔先后建立了夏朝、商朝、周朝，经过夏商周三代的民族融合，华夏族正式形成。从汉朝开始逐渐以汉族代替了诸夏、华夏等旧称。现被用作中国和汉族的古称。

■ 扣蚌壳羽觞

汉代在榻后多置曲尺状屏。南北朝时期由三扇组成的Ⅱ字形屏更多。司马金龙墓床屏上即绘有这种床屏的形象，是后代床榻围板的先声。

魏晋南北朝时期，北方各民族的匈奴、鲜卑、羯、氐、羌、卢水胡各族先后建立政权，将社会机关情势以至风俗习惯带到华夏；南边的山越、蛮族、俚人、僚人也走出深山老林，开始与汉族融合。

十六国与北朝时期，汉族以华夏文化去影响和改造胡人的文化与政体。跟随胡人政权而迁入中原的大都民族，与汉人杂居，开始学习汉族的说话，影响到汉族概念和生活方式。胡族充满生气的精力，给高雅温和却因受到礼教的束缚而显得僵硬的汉文化带来了新气象。

魏晋南北朝时佛教的昌隆，带给魏晋南北朝家具的影响是决定性的。佛教由发祥地印度向南、北、中外传而形成，佛教建筑随着外传。这里面有着很多的宗教、哲学、文化课题。

另外，开凿石窟和建寺的佛教行为增进了佛教美术的成长，石窟造像、壁画和寺庙的造像、壁画应运而生。这时期的造像和壁画，都是来自域外的粉本，人物形象、服饰用具等都是域外风尚。

同时，天竺佛国大批的

高型家具也随之进入了华夏。这对中原的生活风俗，特别对席地而坐的起居体式格局是一个极大的冲击，正是由于这个时代思维的极大自由，使得人能够接收这样的变更。

青瓷褐釉十足砚

魏晋南北朝时期，由于佛教的传入和统治者的大力倡导，佛教内容成为当时建筑设想的主题。在佛教家具的开导下，华夏的匠师们从佛座创作出箱型结构和束腰家具新形式，同时又极具美感与魅力。

魏晋南北朝时期那些婉雅秀逸的渐高家具，给当时人们的生活生产带来深入的变化，在我国的家具历史上写下了深切而浓重的一笔。同时也可以看到，不同的地方民族在和汉族的交流融合过程中，给汉族注入了新鲜血液，使中华民族更有生气，更富创造力。

阅读链接

魏晋南北朝时期的传统家具装饰图案题材主要有动物纹样，与佛教有关的植物纹样，几何纹样以及其他一些纹样。

魏晋南北朝时期的传统家具装饰图案受到佛教的影响，如作为佛教象征的莲花和忍冬纹被大量运用在家具上。在风格上，家具装饰图案给人一种清新脱俗的感觉。这一时期装饰图案主要有以下几种。

动物纹样有：龙纹、狮子、金翅鸟、青龙、白虎、朱雀、玄武、凤凰等。

植物纹样有：莲花、忍冬、缠枝花、卷草纹等。

几何纹样有：雷纹、斜格文、水波纹等。

其他纹样还有：山水花鸟纹、人物故事纹、火焰纹、璎珞纹等。

华丽隽永的隋唐高低家具

隋唐是我国家具史上一个大变革时期,上承秦汉,下启宋元,融汇国内各民族文化,大胆吸收外来文化,出现不少新型家具,特别是高型家具继续得到发展,大大丰富了我国古典家具的内容。

隋唐家具注重构图的均齐对称,造型雍容大度,色彩富丽洒脱。从墓室中发现的家具模型、壁画和传世的绘画中,可以获得不少形象资料;大量的文献记载、诗歌及其他文学作品中也有大量有关家具的描写。

从唐代的绘画中可以看到椅、凳、双人胡床、墩等家具,但这些家具仅限于上层社会或者僧侣所使用。这与承袭前代席地而坐的习惯有关,或许是当时的人们把床、榻都理解为高的地面。在装饰方面,

唐代漆器木椅

浮雕配件或绘画图案都与佛教有很大关系。

隋朝只维持了37年，在家具方面没有什么特殊的贡献，也看不出有什么变化。真正的繁荣时期是在唐代，唐代初期就出现了蓬勃进取的精神风貌，长时间的战乱和流离失所在江山统一后，人们的生活热情得以迸发。尤其是"贞观之治"带来了社会的稳定和文化上的空前繁荣。

■ 出土的唐代黄金龙

唐代的家具在这样的社会背景下，显现出它的浑厚、丰满、宽大、稳重之特点，体重和气势都比较博大，但在工艺技术和品种上都缺少变化。

唐代豪门贵族们所使用的家具比较丰富，尤其在装饰上更加华丽，在唐画中多有写实体现。这一时期的家具出现复杂的雕花，并以大漆彩绘，画以花卉图案为主。

从唐代敦煌壁画上除了可以看到鼓墩、莲花座、藤编墩等，还可以见到形制较为简单的板足案、曲足案、翘头案等。文人士大夫们多追求素雅洁净，所以这一时期的立屏、围屏多是素面没有装饰的。床榻类也没有太多变化，因袭上代形制，以箱式床、架屏床、平台床、独立榻为主。

隋唐家具仍分七大类，即坐具、卧具、承具、凭具、皮具、屏具和架具。

隋唐以及五代的坐具十分丰富，并出现不少新品

贞观之治 指唐太宗在位期间的清明政治。由于唐太宗能任人廉能，知人善用；广开言路，尊重生命，自我克制，虚心纳谏，重用魏征等谏臣；并采取了一些以农为本，厉行节约，休养生息，文教复兴，完善科举制度等政策，使得社会出现了安定的局面，当时年号为"贞观"，故史称"贞观之治"。

种。隋唐是席地而坐与垂足而坐并存的时代,继续发展的坐具和新出现的坐具主要是为了适应垂足,如凳类、筌蹄、胡床、榻以及椅类等。

凳类坐具如四腿八挓小凳,见于敦煌壁画;方凳见于章怀太子墓壁画和五代卫贤高士图;敦煌唐代壁画嫁娶图还绘有宽体条形坐凳,供多人同坐。

还有一种圆凳,圆形坐面,下有凳腿,为西安西郊唐墓的彩陶唱俑所坐。这时新出现一种平面呈半圆形称"月样杌子"的垂足坐具,在唐画如《挥扇仕女图》《调琴啜茗图》《宫乐图》和《捣练图》上皆可见到。

筌蹄用竹藤编制,圆形,在南北朝时已出现在佛教活动中,隋唐流行于上层家庭。西安王家坟唐墓中有一件三彩持镜俑就坐在这样的筌蹄上,作腰鼓状,上下端及腰部都有绳状纹。

> 《捣练图》 唐代画家张萱之作。此图描绘了唐代城市妇女在捣练、理线、熨平、缝制劳动操作时的情景。画中人物动作凝神自然、细节刻画生动,使人看出扯绢时用力的微微后退后仰,表现出作者的观察入微。其线条工细道劲,设色富丽,其"丰肥体"的人物造型,表现出唐代仕女画的典型风格。还有一个年少的女孩,淘气地从布底下窜来窜去。

■《会茗图》

唐代古画中宴席桌椅

筌蹄至五代演变为各种样式的绣墩。

胡床在隋唐继续流行。众多古代模型和壁画显示,隋唐的独坐式小榻多为壸门式。还有一种可坐多人的长榻,唐代称"长连床",如敦煌莫高窟第196窟所绘二僧共坐一榻就是这样的长榻。

在两晋南北朝时已透露出若干消息的椅子,至迟在唐代中晚期已经流行,当时多称"绳床",特别为僧尼修禅讲经所必备。如白居易诗云:

坐倚绳床闲自念,前生应是一诗僧。

李白诗也说:

吾师醉后倚绳床,须臾扫尽数千张。

这种可坐可倚的坐具实际就是椅子。稍晚在五代顾闳中《韩熙载夜宴图》中有靠背椅。《旧唐书·穆宗本记》记载：

长庆二年十二月辛卯，上见群臣于紫宸殿，御大绳床。

此种皇帝专用的大尺度绳床，可能就是宝座。

圈椅出现于中晚唐，造型古拙，可从《挥扇仕女图》《宫乐图》中见到。

隋唐卧具仍以床和炕为主。

四腿床是一般的床式，新疆吐鲁番阿斯塔那唐墓发现的一张床，长2.9米，宽1米，高0.5米，用当地红柳制成，上铺柳条。

敦煌唐代经卷着色《佛传图》描写病者与死者灵魂升天情景，上绘一四腿床，与新疆出土的木床一样。

壸门床为高级床，是隋唐家具的代表类型。山东嘉祥英山一号隋墓壁画绘徐侍郎夫妇共坐在一张壸门床上。床后立屏，两侧侍女侍立，床前有直栅足机，二人倚斑丝隐囊，观看杂戏舞蹈。

其壸门空朗，上部曲线作小连弧形，连接两侧陡泻的弧线，弯转有力。床框厚实，下部托泥轻巧，造型很有韵味。

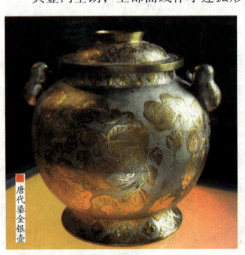

唐代鎏金银壶

壸门床至唐代更为成熟，壸门曲线简洁有力，整体造型更趋匀称舒展。莫高窟唐第217窟《得医图》绘一贵妇坐于壸门床上，旁立侍女抱幼婴等待医士诊病。

敦煌着色《佛传图》上绘

■ 唐代漆器木桌

有摩耶夫人夜梦佛乘象入胎，夫人即卧于壸门床上。

壸门床面积很大，占据室内很大空间，生活活动都在床上进行。《唐书·同昌公主传》记载："咸通九年同昌公主出，降宅于广化里，制水晶、火齐、琉璃、玳瑁等床，悉支以金龟银鳌。"《隋唐佳话》："太宗中夜闻告侯君集反，起绕床而步，亟命召之，以出其不意。"使用的都应是壸门床。

黄河以北，冬季寒冷，东北尤甚，多不用床而用炕。《旧唐书·高丽传》记载："冬月皆作长坑，下燃温火以取暖。"记载虽短，却具有普遍意义。炕燃煤或柴火，既取暖又可以用来做饭。

隋唐承具处于高、低型交替并存时期。低型承具继承两汉南北朝已臻成熟的案、几；高型如高桌、高案，处于产生和完善的过程中，数量不多。

低型承具供席地而坐时用，较低，隋唐时仍广泛使用，如低案、翘头低案等。高型承具为垂足坐或站

《韩熙载夜宴图》我国画史上的名作，原迹已失传，今版本为宋人临摹本，以连环长卷的方式描摹了南唐巨宦韩熙载家开宴行乐的场景。韩熙载为避免南唐后主李煜的猜疑，以声色为韬晦之略，每每夜宴宏开，与宾客纵情嬉游。这幅长卷线条准确流畅，工细灵动，充满表现力。

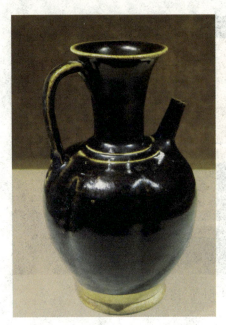

■ 唐代黑釉瓜棱执壶

立时所用，较高，隋唐时有所创造和发展的新品，同椅类家具一样，对以后造成很大的影响。

莫高窟晚唐第85窟壁画楞伽经变绘有两张方桌，结构形式相同，均为方形桌面，四隅各一腿，直接落地，腿间无枨，造型简朴，没有任何装饰，注重功能。从图中屠师和狗的比例来看，桌高约0.8米，是最早的方桌形象。

敦煌唐代壁画弥勒下生经变嫁娶场面常绘有宴饮情状：帷幄中置一条形桌，四面垂帷，桌上布陈杯盘匙筷，男女分坐左右，从所绘尺度，桌长约2.5米至3.2米。此桌与条凳共用，已为垂足坐式，为高型长桌，但因有桌帷，腿部结构不得见。

但有的壁画所绘长桌结构十分清楚，桌下立四条直腿，腿间无枨，其简朴情况与壁画所绘方桌一样。

唐代尚无"桌"字，当时可能称"台盘"。唐贞元十三年《济渎庙北海坛祭器碑》记载："油画台盘二，一方五尺，一方八尺。素小台盘一。"唐尺一尺约合300毫米，则上述之桌一为1.5米、一为2.4米，似指长度，应属长桌。

莫高窟盛唐第103窟《维摩诘经变》绘维摩诘坐在拔高的带斗帐和围屏的壶门小榻上，手持麈尾，倚弧形凭几。榻前置一几颇高，为与低型几案区别，姑

壁画 即人们直接画在墙面上的画。壁画为人类历史上最早的绘画形式之一。如原始社会人类在洞壁上刻画各种图形，以记事表情，这便是流传最早的壁画。至今埃及、印度、巴比伦、中国等文明古国保存了不少古代壁画。

且名为高几。此高几画得可谓是相当仔细，几面由四块木板拼成，上绘清晰的褐色木纹，两端安翘头。几两侧曲形栅足上曲下直，排列较密，下有贴地横枨。

《维摩诘经变》图形象地说明几案是随坐具的加高而加高的。日本奈良正仓院有一件相当于唐代的高几，与敦煌莫高窟第103窟不同的是直形栅足，可能是遣唐僧从我国携归之物。

传世绘画《宫乐图》绘出唐时宫廷宴乐场面，当中置一壶门大案，两侧各有两位妇女坐在月样杌子上，还各有两个空置的月样杌。案面长方，漆成方格网状，有大边和抹头，转角为委角，饰以铜角花。案正面有壶门三洞，从人数看侧面应有六洞，近地处有交圈的托泥。在受力构件上作出壶门曲线，说明受力构件与牙板尚未分离。

这件壶门大案是宫中使用之物，造型和漆饰富丽豪华。唐阎立本《北齐校书图》的壶门大榻，与此大案结构、造型相近。

壶门大案从东汉和南北朝的坐榻及床演变而来，在唐代发展成熟。从绘画及壁画可知，带有壶门的家具在唐代使用很广，不仅用在承具如大案、小案、双层案上，也用于

阎立本（约601年—673年），唐代画家兼工程学家。出身贵族，其父阎毗北周时为驸马，因为他擅长工艺，多巧思，工篆隶书，对绘画、建筑都很擅长，隋文帝和隋炀帝均爱其才艺。他的作品有《步辇图》《古帝王图》《职贡图》《萧翼赚兰亭图》等，对国画发展有很大影响。

■ 唐代《宫乐图》

坐具与皮具，五代仍有延续，至宋则为更新的、更简便和省工省料的梁柱结构所代替。

隋唐凭具沿袭两汉南北朝，有直形凭几、弧形凭几和隐囊，隐囊即巨形靠枕。

河南安阳隋代张盛墓有直形凭几模型，几身截面梯形。日本正仓院唐代凭几造型与此大体相类。

新疆吐鲁番阿斯塔那唐墓有一件木质凭几，上绘漆画，几面一字形，两端抹成弧状，木胎加彩漆绘并嵌螺钿，面上界分为七块，两端漆饰已脱落，中央五块尚清楚可辨，绘团花、折枝花和腾飞小鸟。双腿中部较细，上下两端扩大为方形，腿下有底枨，底枨两端抹圆。

弧形凭几产生于东汉末，多流行于长江下游，隋唐仍在使用，但已近尾声。河南安阳隋代张盛墓中有一件陶质弧形凭几模型，弧形扶手截面呈梯形，三曲足为兽腿。

山西省博物馆藏有一件719年石雕天尊像，右手

刘伶 魏晋时期沛国，今安徽淮北市濉溪县人，字伯伦。"竹林七贤"之一。曾为建威将军王戎幕府下的参军。晋武帝泰始初，对朝廷策问，强调无为而治，以无能罢免。平生嗜酒，曾作《酒德颂》，宣扬老庄思想和纵酒放诞之情趣，对传统"礼法"表示蔑视。是竹林七贤社会地位最低的一个。

■ 唐代绘画《高逸图》中的筵席

执扇和拂尘,左手扶曲形凭几,几腿为弧鹄,可见其使用情况。

敦煌莫高窟初唐第203窟壁画维摩诘图,维摩诘坐于壶门式小榻上,上覆斗帐,右手执麈尾,前置弧形凭几,几腿亦为兽腿形。

隋唐上承南北朝"斑丝隐囊",无大变化。山东嘉祥英山一号隋墓壁画绘有墓主徐侍郎夫妇坐于壶门式床上,其妇身后倚靠一件隐囊,其体量、造型都与唐孙位《高逸图》一样。

唐代白瓷皮囊壶

《高逸图》绘山涛、王戎、刘伶、阮籍4人。山、阮都倚着隐囊。

王维《酬张諲》诗也提到隐囊:"不逐城东游侠儿,隐囊纱帽坐弹棋。"普通百姓使用的隐囊比较简单,称"布囊"。《续玄怪录》卷四云:"斜月尚明,有老人倚布囊坐于阶上,向月检书。"

隋唐时南方皮具多用竹材,如笥、橱、箱、笼;北方多用木材,如箱、柜、匣、椟。因选材不同,加工工艺也不一样,造型也有差异。

唐代箱有木质、竹质、皮质三种,且有长方形和方形盝顶之别。陕西扶风法门寺发现的八重宝函银箱,外几重皆为盝顶式。

笥以竹或萑苇制成,是用以盛衣物、书画、饭食

阮籍 三国魏诗人。字嗣宗。陈留尉氏,今河南人。是"建安七子"之一阮瑀的儿子。曾任步兵校尉,世称阮步兵。崇奉老庄之学,政治上则采谨慎避祸的态度。与嵇康、刘伶等七人为友,常集于竹林之下肆意酣畅,世称竹林七贤。

■ 唐代《韩熙载夜宴图》中的屏风

白居易（772年—846年），字乐天，晚年又号香山居士，我国唐代伟大的现实主义诗人和文学家。他的诗歌题材广泛，形式多样，语言平易通俗。官至翰林学士、左赞善大夫。有《白氏长庆集》传世，代表诗作有《长恨歌》《卖炭翁》《琵琶行》等。

的矩形盛器。《大唐新语》卷四道：

则天朝，恒州鹿泉寺僧净满有高行，众僧嫉之。乃密画女人居高楼，净满引弓射之状，藏于经笥，令其弟子诣阙告之。

《隋唐嘉话》记虞世南说："昔任彦升善谈经籍，时称为五经笥。"

隋唐的柜多为木制，以板作柜体，多横向放置，外设柜架以承托，有衣柜、书柜、钱柜等不同称谓。柜与箱、匣的不同在于体积较大。

《开河记》记载："大业中，诏开汴渠。开河都护麻叔谋好食小儿。……城市、村坊之民有小儿者，置木柜，铁裹其缝，每夜置子于柜中，锁子。全家秉烛围守。"

《朝野佥载》与《酉阳杂俎》中也都记有柜中藏人的类似故事。书柜也称"文集柜"。白居易《题文集柜》诗：

破柏作书柜，柜牢柏复坚。
收贮谁家集，题云白乐天。
我生业文字，自幼及老年。
前后七十卷，小大三千篇。
诚知终散失，未忍遽弃捐。
自开自锁闭，置在书帏前。
身是邓伯道，世无王仲宣。
只应分付女，留与外孙传。

有的书柜用珠宝玉石装满，《杜阳杂编》记载："武宗皇帝会昌元年渤海责玛瑙柜，方三尺，深色如茜，所制工巧无比。用置神仙之书，置之帐侧。"

关于钱柜的记载，《唐书》中记载："王伓茸无大志，唯务金帛宝玩。为大柜，上开一孔，使足以受物。夫妻寝止其上。"能容两人睡卧其上，可见甚大。"上开一孔"就是说在柜的上面开投放钱币的小孔。

西安王家坟唐墓发现一件三彩釉的钱柜，由六块板组成。两侧板略高于柜面，两端有三角形翘起为饰。上板前沿中间设一小门，靠里端开有一个足可以投抛

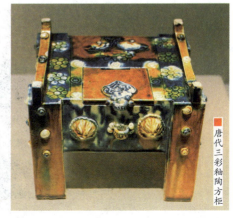

唐代三彩釉陶方柜

> **张藻** 也作张璪，约活跃于8世纪后期，他擅长文学，善画水墨山水，尤精松石，传说他能双手分别执笔画松，有双管齐下之誉，可见张藻的高超技艺。他还用手蘸墨作画，不求巧饰。画山水重灵感，富于激情，其山水高低秀丽，咫尺重深，为唐代水墨山水画之代表，形象生动而富有感染力。

钱币的一字孔。小门可以抽开，门板侧面钉钮头锅。

钱柜前面的立板也钉钮头，可以锁住。柜架于四角呈矩尺形的柜托上，悬空防潮，不使钱币锈蚀。在柜体和托架上都有帽钉状凸起装饰。柜体正面设两个圆形兽面，柜体两侧也各设一个，除装饰外，似乎还示意辟邪。

隋唐时的橱也供贮食藏物，一般为竖向，并常设抽屉。《癸辛杂识》说：

> 昔李仁甫为长编，作木橱十枚，每橱作抽替匣二十枚，每替以甲子志之。凡本年之事，有所闻必归此匣，分月日先后次第之，井然有条。

《云仙杂记》中也有"许芝有妙墨八橱，巢贼乱，瘗于善和里第。事平取之，墨已不见，唯石莲匣存"的记载，可知也有一种藏墨之橱。

而《广舆记》中所记："长中袁录慕其风，赠以

■ 唐朝玛瑙花瓣盖托

鹿角，书格，蚌盘，牙笔，易将连理几竹书格报之。"这里面说的"书格"，即书橱。

隋唐屏具有座屏、折屏两种，其不仅能够挡风，还能分隔空间，衬托主体，在屏风上作画题字更可衬托气氛。

隋唐时期已经大量用纸，屏风扇一改过去在实板上作画的做法，而以纵横木梃形成田字框架，在两面糊纸，再在纸上作画题字，正如白居易《素民间谣》所说："尔今木为骨兮纸为面。"

迅速发展中的隋唐山水、花鸟画，自然会用于屏风，于是，张藻松石、边鸾花鸟都成了屏风画的热门，与汉晋南北朝屏风画的人物故事和或纯装饰的漆屏不同。

折屏无下座，由多数扇组成，互成夹角立于地上。屏扇都取双数，盛唐后多为六扇，即所谓"六曲屏风"，李贺诗云"周回六曲抱银兰"。

扇与扇之间用丝绳或称为"屈戍""屈膝""交关"等，即"折铁""合页"或"搭钩"的金属件相连。唐墓壁画和日本正仓院所存"羽毛篆书屏风""羽毛文书屏风""羽毛少女屏风"及"唐草夹撷

■ 《韩熙载夜宴图》中的坐具

边鸾 唐朝画家，他最擅长的是画花鸟折枝。这种画法，是从来未有过的。边鸾下笔轻松利落，善用颜色，能得心应手地表现鸟雀羽毛的万态变化，春花绽放的千种姿容。在折枝画法中，边鸾位居魁首。边鸾的折枝花卉蜂蝶鸟雀画都堪称在妙品以上。

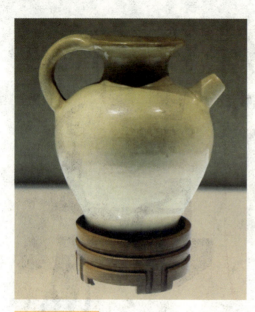

■ 唐朝白釉执壶

屏风"等实物,都是唐代六曲屏风。

折屏一般较矮,先用较宽的木条做出4个边框,框中用木格做成日、目或田字格,再于其上糊纸、绢、纱或夹缬织物,或单面或双面。

座屏以下有底座,不折叠,与折屏有别,因为需要空面居中,因此扇数多为奇数。《唐书·魏征传》记载:

<blockquote>
征上疏有言疏奏。帝曰:"朕今闻过矣,方以所上疏,列为屏障,庶朝夕见之。"
</blockquote>

莫高窟盛唐第217窟壁画《得医图》和第172窟壁画《净土变》都有座屏,前者为独扇独幅屏芯,后者为独扇三幅。

隋唐架有衣架和书架两大主要类型。

隋唐衣架的基本形象是高植两腿,中连以掌,上方有长形搭脑承架衣服,或木或竹。唐贞元十三年《济渎庙北海坛祭器碑》有记载:"竹衣架四,木衣架三。"沈铨期诗:"朝霞散彩羞衣架,晚镜分光劣镜台。"

书架大致是四腿落地,中连数层搁板,上存书籍、书卷。白居易《书香山寺》诗道:"家醒满缸

沈铨期 唐代诗人。字云卿。与宋之问齐名,并称"沈宋"。他们的近体诗格律谨严精密,史论以为是律诗体制定型的代表诗人。他在流放期间的作品,多抒写凄凉境遇,他还创制七律,被胡应麟誉为初唐七律之冠。

书满架,半移生计入香山。"

唐代书架的形象见于山西高平海华寺壁画,修行的草庐内有一个书架,四腿落地,中横搁板,上搁书卷和僧人的日用什物,下为壸门立板,类似以后的博古架。

隋唐家具的装饰大体有出木类和漆饰、镶嵌等类,有淡雅和富丽两种不同取向。

出木类即在木面饰以桐油,或索性白茬,朴素无华,多为平民施用,士大夫追求返璞归真,也常用此,称"素几杖",白居易《素屏谣》曾有描写。"素几杖"也包括单一色漆。

唐代家具漆饰继承两汉南北朝,又吸收各族及异域文化,从而形成开朗、豪迈、富丽的风格。其花纹前期以忍冬纹、折枝花和鸟纹为主,还有联珠纹、双兽纹。后期为之一变,忍冬纹很少见而流行团花和缠枝花等花鸟图案。

唐代漆饰手法则有彩绘、螺嵌、平脱、密陀僧绘等,并新创了雕漆工艺。

金银平脱是从汉代贴金银片发展而来,做法是用极薄的金银片剪成图案,贴于器上,然后涂二三层漆,经研磨使金银片显露,成为闪光的纹饰。

金银平脱是唐代工匠的创造,盛行一时,成为帝王

> 《酉阳杂俎》
> 唐代笔记小说集。这本书的性质据作者段成式自序,说属于志怪小说,不过就内容而言,远远超出了志怪的题材。这部著作,内容繁杂,有自然现象、文籍典故、社会民情、地产资源、草木虫鱼、方技医药、佛家故事、中外文化、物产交流等,可以说五花八门,包罗万象,具有很高的史料价值。

■ 唐朝瓷枕

享用的高级器物。《酉阳杂俎》曾记载：

> 安禄山恩宠莫比，赐赉无数，其所赐品目有：金平脱犀头匙筯、金银平脱隔馄饨盘、平脱着足叠子、银平脱破觚、银平脱食台盘。又贵妃赐禄山金平脱装具、玉合、金平脱铁面碗。

螺钿应用于漆木器，在唐代有很大的发展，有的在螺钿上加浅刻，增加表现层次。

新疆吐鲁番阿斯塔那唐墓出土一件嵌螺钿木双陆局，曲尺形腿，腿间开壶门光洞，下有托泥。盘两长边中间为月牙形城，左右各有6个螺钿花眼。盘中间有纵、横格线各两条，围成画面，上嵌云头、折枝花和飞鸟螺钿。

雕漆是唐代新创的装饰技法，是在木胎上先平涂薄漆数十道，再雕刻漆层成形。战国有类似做法，但是先在木胎上雕刻成形，然后上漆，与唐代不同。

彩绘是漆饰的主要技法，为历代普遍使用，唐代亦然。唐代家具上的彩绘可从传世唐画如《宫中图》《宫乐图》《挥扇仕女图》《捣练图》上的壶门大案、月样杌子和圈椅等家具上看到。

> **阅读链接**
>
> 晚唐至五代，士大夫和名门望族们以追求豪华奢侈的生活为时尚，许多重大宴请社交活动都由绘画高手加以记录，这给研究、考察当时人们的生活环境提供了极为可靠的形象资料。
>
> 五代画家顾闳中的《韩熙载夜宴图》就是个很好的例子，画面向我们清晰地展示了五代时期家具的使用状况，其中有直背靠背椅、条案、屏风、床、榻、墩等。
>
> 完整简洁的形式也向我们展示了其家具有明显唐代家具的印痕，又有别于唐代家具，比唐代家具有一定的进步和发展。

古雅精致的宋元明清家具

从10世纪中晚期开始，宋王朝展开了它经济发展、城市繁荣的画卷，而家具的格式也随之继续向新的格式发展着。

我国家具形式大变革的时期是唐至五代，唐代家具的品种和样式，经历了自古以来人们从席地而坐到垂足而坐的过渡阶段。五代的室内陈设家具，高座式的各种家具以适应当时已普及的垂足而坐。

而到了宋代，高座家具已相当普遍，高案、高桌、高几也相应出现，垂足而坐已成为固定的姿势，我国历史上的起居生活变革由坐姿而定。城镇世俗生活的繁荣使高档宅院、园林大量兴建，打造家具以布置房间成为必然，这给家具业的蓬勃发展提供了良好的社会环境。

明清时期的屏风

宋代是中古传统思想观念发生转折的时期，它一改前朝万国朝圣、雄霸天下的强盛气势，形成新的哲学意识、思想方法和处世态度，其沉稳、谨慎、内敛的性格而形成了温文尔雅、精致细密、纤弱婉转的宋代家具。

两宋时，各类家具已普及民间。凡桌、椅、凳、床柜、折屏、大案等已相当普遍，并出现了很多新型的、高式的家具如高几等。

从宋代各类画卷、墓葬遗物或文献上的记载中，都能见到不同家具的品种与特色。张择端《清明上河图》中绘画的宋代家具，估计共有200余件，说明民家市井所用家具设计品种丰富多彩。

明清时期的木质洗漱架

宋徽宗赵佶《听琴图轴》中可见茶几、石凳和香案；苏汉臣《秋庭婴戏图》中富有童趣的圆桌，颇似鼓凳，更像一盏盛开的荷花莲头。

宋画《五学士图》中的家具有香案、书柜、鼓凳、条案等；《秋庭婴戏图》可见方凳，凳面镶嵌有竹席；而《浴婴图》中有圆凳，凳面浅刻纹饰，凳角则采用六曲椭圆拱形。

牟益《捣衣图》中可见长方案、圈椅、屏风和床

《清明上河图》 北宋风俗画册，是北宋画家张择端仅见的存世精品，作品采用散点透视构图法，记录了当时城市生活的面貌，这在我国乃至世界绘画史上都是独一无二的。在5米多长的画卷里，共绘了550多个各色人物，牛、马、骡、驴等牲畜五六十匹，车、轿20多辆，大小船只20多艘，房屋、桥梁、城楼等各有特色，体现了宋代建筑的特征。

宋徽宗 名赵佶，他是宋朝第八位皇帝。酷爱艺术，在位时将画家的地位提到我国历史上最高的位置，成立翰林书画院，即当时的宫廷画院。以画作为科举升官的一种考试方法，每年以诗词做题目曾刺激出许多新的创意佳话。他自创一种书法字体被后人称为"瘦金书"，另外，他在书画上的花押是一个类似拉长了的"天"字，据说象征"天下一人"。

■ 太师椅 是古家具中唯一用官职来命名的椅子，它最早使用于宋代，最初的形式是一种类似于交椅的家具。太师椅最能体现清代家具的造型特点，它体态宽大，靠背与扶手连成一片，形成一个三扇、五扇或者是多扇的围屏。

榻。《春游晚归图》上绘有荷花扶手太师椅，利用荷花纹饰结合曲线制作靠椅，形制极富特色。

有关太师椅名称的最早记载，见于宋代张瑞义的《贵耳集》。书中提到：

今之校椅，古之胡床也，自来只有栲栳样，宰执侍从皆用之。因秦师垣宰国忌所，偃仰，片时坠巾。京伊吴渊奉承时相，出意撰制荷叶托首四十柄，载赴国忌所，遗匠者顷刻添上。凡宰执侍从皆用之。遂号太师样。

文中提到的秦师垣，即当时任太师的秦桧。这段记载明白无误地说明，秦桧坐在那里一仰头，无意中头巾坠落。吴渊看在眼里，便命人制作了一种荷叶托首，由工匠安在秦桧等人的椅圈上。太师椅由此产生，"太师椅"这一名称也由此传开。

《槐荫消夏图》中所绘的床榻，在榻面与八只垫角柱间均增加有"圈梁"，让床榻的木结构造型更

《春游晚归图》
绘一老臣骑马踏青回府，前后簇拥着10位侍从，或搬椅，或扛几，或挑担，或牵马，忙忙碌碌。老臣持鞭回首，仿佛意犹未尽，表现了南宋官僚偏安江南时的悠闲生活，令人想起南宋林升《题临安邸》一诗："山外青山楼外楼，西湖歌舞几时休？暖风熏得游人醉，直把杭州作汴州！"

■ 胡床 亦称"交床""交椅""绳床",是古时一种可以折叠的轻便坐具,类似现在的马扎功能,但人所坐的面非木板,而是可卷折的布或类似物,两边腿可合起来。其携带和存放十分方便,它们不仅在室内使用,外出时还可以携带。宋、元、明乃至清代,皇室贵族或官绅大户外出巡游、狩猎,都带着这种椅子,以便主人可随时随地坐下来休息。

镂雕 亦称镂空、透雕。指在木、石、象牙、玉、陶瓷体等可以用来雕刻的材料上透雕出各种图案、花纹的一种技法。距今5000年前的新石器时代晚期,陶器上已有透雕圆孔为饰。汉代到魏晋时期的各式陶瓷香熏都有透雕纹饰。清乾隆时烧成镂空转心、转颈及镂空套瓶等作品,使这类工艺的水平达到了顶峰。

加富丽,同时使榫卯接头牢固,是深入研究宋代家具的珍贵形象资料。

宋代以及稍后的辽、金历时300余年,家具发展经历了一个高潮时期,高档家具系统已建立并完善起来,家具品种愈加丰富,式样愈加美观。

如桌类就可分为方桌、条桌、琴桌、饭桌、酒桌以及折叠桌,按用途越分越细。

宋代的椅子已经相当完善,后腿直接升上,搭脑出头收拢,整块的靠背板支撑人体向后依靠的力量。圈椅形制完善,有圆靠背,以适应人体曲线。

胡床改进后形成交椅。几类发展出高几、矮几、固定几、直腿几、卷曲腿几等各种形式。

宋代家具在总体风格上呈现出挺拔、秀丽的特点,在装饰上承袭五代风格,趋于朴素、雅致,不作大面积的镂雕装饰,只取局部点缀以求其画龙点睛的效果。

宋代是我国家具史上的一个高峰,不论是制作技术,还是艺术水平,都达到炉火纯青的境界。宋代家具呈现出的是工整简洁、儒雅朴素的艺术风格,具有平易近人气质,各类家具逐渐细化和丰富的同时也趋向于简洁化和儒雅化。

宋代家具在装饰上趋于朴素雅致,讲究完整、圆满、和谐,从外部轮廓到内部架构都组合得自然得当,恰如其分,以满足实际的使用功能为主要目的。

在结构上,宋代家具大多为框架式结构,以此代替了以前的箱体壶门结构,这是借鉴了隋唐家具的大木梁架结构。

在用材上,宋代家具以木材为主,其中包括杨木、榉木、杉木、榆木等软木,也有少量红木家具,并适当辅以金属、陶瓷等装饰。

以宋代的椅子为例,整体比例协调,外观挺拔隽秀,大多采用直线构件,各构件常以严谨细腻的比例

> **壶门** 最早见于辽宁义县出土的商代俎腿上,其式样与后来明清时期家具壶门样式基本相似。壶门式样虽然初见于商周时代,但在直至魏晋时期壶门并未广泛应用于家具的样式上,究其原因,这段时期是我国青铜器具光辉灿烂时期,家具的发展相对暗淡;其次由于人们习惯于席地而坐的生活方式,高型木质家具并未大量出现。

■ 清代镂雕椅

■ 古代卧床

尺度大到精美的视觉效果，使宋代家具的价值远非一般坐具所能及，而成为这个时代民族精神与审美价值的象征。

元代的家具虽沿袭宋代传统，但也有新的发展，从元代家具的文献和书籍中可以找到如罗涡椅、霸王椅及高束腰凳等。新的设计方法使结构更趋合理。

罗涡椅是采自民间俗语，是一种形如弓背的坐椅，其实是在宋代家具的基础上发展而来的，这充分体现出了人体的尺度，有一种舒适之感。

元代不仅在政治、经济体制上沿袭宋、辽、金各代，家具方面也秉承了宋代形制，工艺技术和造型设计上，都在原有的基础没有大的改变。

但是值得称颂的是，元代出现了抽屉桌，抽屉作为储物之匣方便开取，是家具上的一大发明，它很大程度地加大了家具的使用效果，而这一新事物的出现

市井文化 市井指买卖商品的场所，而"立市必四方，若造井之制，故曰市井"。市井文化是一种生活化、自然化、无序化的自然文化，它是指产生于街区小巷、带有商业倾向、通俗浅近、充满变幻而杂乱无章的一种市民文化，它反映着市民真实的日常生活和心态，表现出浅近而表面化的喜怒哀乐。

也许更多地归功于民族交流和文化交融。

从魏晋六朝至宋辽金元这千余年间,我国王朝不断更替,其中发生过两次较大规模的民族融合,社会取向一直沿着封建儒家的统治路线运行。元代结束之后,随之而来的是一个更世俗、更多样化的新时代。

16世纪末至17世纪,我国正经历着明朝市井文化繁荣时期,社会都很不稳定,政治腐败,农民起义。而离战乱较远的南方地区,却出现了苏作家具和广作家具的造型艺术高峰时期。直到明朝灭亡以后,这一高峰还一直延续下去,至清代雍正、乾隆朝才开始出现典型清式家具的特征。

所谓明式家具,一般是指在继承宋元家具传统样式的基础上逐渐发展起来的,由明入清,以优质硬木为主要材料的日用居室家具。

雍正(1678年—1735年),清世宗爱新觉罗·胤禛,是清朝第五位皇帝,入关后第三位皇帝,他是清圣祖康熙的第四子,1722年至1735年在位,年号雍正,庙号世宗。雍正帝采取了一些严厉的手段整治官员腐败,对外也进一步维护边疆稳定。

■ 明代木雕长椅

江南 在历史上江南是一个文教发达、美丽富庶的地区，它反映了古代人民对美好生活的向往，是人们心目中的世外桃源。从古至今"江南"一直是个不断变化、富有伸缩性的地域概念。江南，意为长江之南面。在古代，江南往往代表着繁荣发达的文化教育和美丽富庶的水乡景象，区域大致为长江中下游南岸的地区。

明式家具起始时被称为"细木家具"，或者"小木家具"。起初，这种"细木家具"在江南地区主要采用当地盛产的榉木，至明中期以后，更多地选用花梨、紫檀等品种的木材，当时人们把这些花纹美丽的木材统称"文木"。

特别是经过晚明时文人的直接参与和积极倡导，这类时髦的家具立即得以风行并迅速以鲜明的风格形象蔓延开来。

细木家具具有经久耐用的实用性和隽永高远的审美趣味，它以一种出类拔萃的艺术风貌，成为中华民族文明史中一颗艺术明珠。这种家具产生于明代，时代特色鲜明，故称其"明式"。

明式家具的产生和发展，主要的地域范围在以苏州为中心的江南地区，这从传世家具实物以及文献记载中都可以看到，这一地区的明式家具持续着鲜明独

■ 明式家具佛龛

■ 明清家居摆设

特的风格。

　　明式家具的最大特点是将材料选择、工艺制作、使用功能、审美习惯几方面结合起来，达到了科学性与艺术性的高度统一。明式家具的品类丰富多样，主要有凳椅类、几案类、橱柜类、床榻类、台架类等，此外还有作为屏障之用的围屏、插屏、落地屏风等。

　　这些家具从各个方面满足了人们的使用要求，长宽高低基本符合人体的尺度比例，如椅子的靠背和扶手的曲度等都基本适合于人体的各个部位的长度及曲线，触感良好。

　　明式家具造型稳定，简练质朴，讲究运线，线条雄劲而流畅，一般不滥加装饰。偶施雕饰也是小面积的浮雕或镂雕点缀在最恰当的地方，与大面积的素面形成强烈的对比。

　　某些作为装饰的部件也能服从结构的需要，如各

浮雕 是雕塑与绘画结合的产物。浮雕一般是附属在另一平面上的，因此在建筑上使用更多，用具器物上也经常可以看到。由于浮雕所占空间较小，所以适用于多种环境的装饰。浮雕工艺历史悠久，残存的最早浮雕作品首推唐五代王潮墓室穹顶的莲花浮雕石砖和宋代洛阳桥上的月亮女神以及黄塘岩峰寺前后殿壁上石龛的弥勒佛、观世音立像浮雕。

明代屏风

花梨 又叫降香黄檀,属蝶形花科黄檀属树种。别名降香檀、香红木、花桐、香枝、花梨木、黄花梨,是我国最常见的珍贵红木品种。它的木材和药用价值非常高,在明式家具中是首选的材料,因其纹理或隐或现,不静不喧,质地温润。常被人称为"木中君子",突出了木质本身纹理的自然美,给人以文静、柔和的感觉。

种牙子、卷口、楣子等。这些部件不但增强了家具的牢固性,而且增加了装饰性。

家具上装饰边缘的线形流畅优美,安装的金属什件如合页,形式多样,大小适度,并具有良好的使用功能。

明式家具讲究选材。选材是设计意匠的重要部分之一,多用紫檀木、花梨木、红木、鸡翅木、铁梨木,也采用楠木、樟木、胡桃木、榆木及其他硬杂木,所以通称硬木家具。其中的黄花梨木效果最好。

这些硬木色泽柔和,纹理清晰坚硬而又富有弹性。明式家具充分体现木材的色泽和纹理,而不加油漆;这种材料对家具的造型结构、艺术效果有很大的影响，使明式家具线形简练、挺拔和轻巧。

明式家具采用木构架的结构。明式椅子由于造型所产生的比例尺度使用适宜，以及素雅朴质的美，使家具工艺达到了很高的水平。家具整体的长宽高及整体与局部的权衡比例都非常适宜。

很多明式家具存在着浓厚的封建士大夫的审美趣味，为封建统治阶级所占用。如有的椅子座面和扶手都比较高宽，这是和封建统治阶级要求"正襟危坐"，以表示他们的威严分不开的。这些家具从各个方面满足了人们的使用要求，家具的长宽高低基本符合人体体形的尺度比例。

明式家具的制作工艺严格精细，制作上能做到方中有圆，线脚匀挺，滋润圆滑，平整光洁，拼接无缝。结构科学主要体现在决定构件的粗细厚薄的适度以及合理使用铆榫。明式家具多用榫，而少用钉和胶。

明末至清初这一段时间，苏式家具达到了登峰造极的地步，随着社会的演变，又出现许多新品种，它

士大夫 旧时指官吏或较有声望和地位的知识分子。在中世纪，通过竞争性考试选拔官吏的人事体制为我国所独有，因而也就形成了一个特殊的士大夫阶层。士大夫是我国社会特有的产物，在我国历史上形成一个特殊的集团，他们是知识分子与官僚相结合的产物。

■ 清代卧榻

樟木 主产于我国长江以南及西南各地。冬季伐树劈碎或锯成块状，晒干或风干。木材块状大小不一，表面红棕色至暗棕色，横断面可见年轮。质重而硬，有强烈的樟脑香气，味清凉，有辛辣感。可用蒸馏法提取樟脑油。是一种很好的建筑和家具用材，不变形，耐虫蛀。民间多用樟木雕刻佛像。

们都是在"明式"家具基础上的变体，总体风格依然是"高雅"和"典雅"。

明末清初，家具的发展并未停滞。崇祯年间的家具不见什么创新，但从形制、工艺、装饰、用材等各方面都日趋成熟。

大量进口硬木木料如紫檀、花梨、红木都得到上层社会和文人雅士的喜爱，其中色泽淡雅、花纹美丽的花梨木成为制作高档家具的首选材料。

国产的木材如南方的与黄花梨接近的铁力木、榉木，北方的高丽木和核桃木等大量柴木也得到广泛使用，另外，还有用于装饰的黄杨木和瘿木以及专做箱柜的樟木等都被广泛使用。

在装饰上，有浮雕镂雕以及各种曲线线形，既丰富又有节制，使得这一时期的家具刚柔相济，洗练中显出精致；白铜合页、把手、紧固件或者其他的配件恰到好处地为家具增添了有效的装饰作用，在色彩上

■ 古代棋桌

也相得益彰。

到清代前期，明式硬木家具在全国很多地方都有生产，但从产品不难看出只有苏州地区的风格特点和工艺技术最具底蕴。

这种风格鲜明的江南家具，得到了人们的广泛喜爱，人们把苏式家具看成是明式家具的正宗，也称它"苏式家具"，或称"苏作"。

在家具的种类上，明清时期比以往任何时期都要丰富，而家具又根据使用者在不同场合的需要进一步细分，不仅有桌、柜、箱类，也有床榻类、椅凳类、几案类、屏风类等，其中最为集中地出现当在清朝初期。

这时的家具精品当数紫檀，也有少量花梨和红木。根据不同的工艺特点，做法上明显不同，可划分为紫檀作、花梨作、红木作以及柴木作等，相互有所区别。

清初的柴木家具是明代以来家具中的精品，许多柴木家具风格淳厚、造型敦厚，体现出来自民间的审美情趣。在柴木家具当中，以晋作为最优，河北、山东也不乏佳作，精品不绝。

清初之时，尽管在家具上的创新不多，但在开国

■ 清代家居

几案 长桌子，也泛指桌子。人们常把几案并称，是因为二者在形式和用途上难以划出截然不同的界限，"几"是古代人们坐时依凭的家具，"案"是人们进食、读书写字时使用的家具，其形式早已具备，而几案的名称则是后来才有的。

剔犀 系漆器工艺。一般情况下都是两种色漆，多以红黑为主，在胎骨上先用一种颜色漆刷若干道，积成一个厚度，再换另一种颜色漆刷若干道，有规律地使两种色层达到一定厚度，然后用刀以45度角雕刻出回纹、云钩、剑环、卷草等不同的图案。由于在刀口的断面显露出不同颜色的漆层，与犀牛角横断面层层环绕的肌理效果极其相似，故得名"剔犀"。

之初，统治者以既开明又保守的姿态面对一切，体现在家具上就出现了尺寸扩、形式守旧的特征；但随着政治的稳定，社会的繁荣，体现到家具上的追求：一是体积加大；二是装饰一味趋细趋腻。

清代皇室贵族的家具在结构和造型上设计上继承了明式家具的传统，造型虽沿袭"明式"的程式，但已趋向追求富丽堂皇、华贵气派的效果，滥用雕镂、镶嵌、彩绘、剔犀、堆漆等多种手法，以及象牙、玉石、陶瓷、螺钿等多种材料，对家具进行不厌其烦的烦琐堆砌，往往只重技巧，忽略效果。

但在民间，家具仍以使用、经济为主，清式家具造型与装饰设计各具地方特色。以苏作、广作和京作为代表。

苏作多为苏作艺人所制，世称"苏州家具"，承明式特点，榫卯结构，不求装饰，重凿磨工。

■ 古代屏风

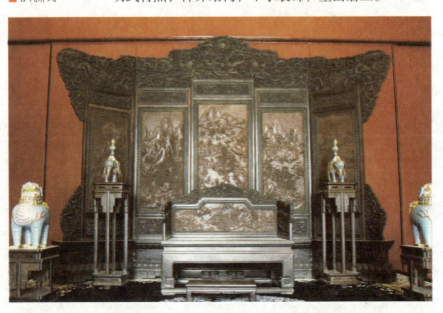

明清时期中式家具

广作多为惠州海丰艺人所制，世称"广式家具"，讲究雕刻装饰，重雕工。

京作多为冀州艺人所制，世称"京式家具"，结构镂雕，重错工。

清代中叶以后，家具的风格逐渐明朗起来，苏式家具也出现了新的特征，与风行全国的京式家具相互影响，又各自保留着自身的特点和历史地位，在清代各种不同风格的家具中独树一帜。

从家具的工艺技术和造型艺术上讲，乾隆后期达到了顶峰时期，这个时期片面追求华丽的装饰和精细的雕琢。

阅读链接

研究、欣赏、鉴定古典家具有赖于相关资料，实物是一部分，来自传世或出土；或来自墓室壁画、其他材料制成的模型、传世绘画、书籍插图以及文字资料。

我们的先民有厚葬之风，为我们在地下留下一部历史，具体而形象，是一笔宝贵的财富。对它们进行纵向的对照、比较，横向的分析和辨别，可以更深层次地了解我国家具的发展脉络。

各个不同的历史时期都在家具造型上留有明显痕迹，比如说唐代的家具造型上是圆形，而宋代则是以矩形为主，明代家具则呈现出比例匀称、挺拔秀丽为特色，清代早期则是以宽大浑厚为主。

装饰特点也是识别家具的重要方面，每个时代都有特定的题材和内容，在手法、装饰纹样上也都各不相同，如明代喜用小面积浮雕或透雕，而清代则喜欢大面积使用雕、镂、刻、嵌以及金银彩绘等装饰手法。

此外，对材料的选择、卯榫工艺的不同也都是重要的方面。以上诸项要整体把握，综合分析，联系背景，仔细辨别，才能认识古典家具的真面目。

古代盆景

无声诗立体画

我国的盆景艺术有着悠久的历史和优秀的传统，在我国唐代就已经有非常成型的盆景了。我国盆景艺术，随着我国文明历史的长期发展形成了它独特的风格。

我国幅员辽阔，由于地域环境和自然条件的差异，盆景流派较多，就传统的五大流派而言又分为南、北两大派，南派以广州为代表的岭南派，北派包括长江流域的川派、扬派、苏派、海派等。其中后三派统称江南派。

古代盆景艺术的古老起源

盆景是我们中华民族优秀的传统艺术之一。盆景以植物、山石、土、水等为材料，经过艺术创作和园艺栽培，在盆中典型、集中地塑造大自然的优美景色，达到缩龙成寸、小中见大的艺术效果，同时以景抒怀，表现深远的意境，犹如立体的、美丽的、缩小版的山水风景区。

清代嵌玉石盆景

我国是世界文明古国之一，我国盆景的起源很早，素有"世界园林之母"的美称，是盆景艺术的创始国。

古时候，随着社会、经济、文化的发展，人们逐渐集居于城市之中，但是，却仍然留恋、酷爱大自然的一草一木、一山一水，于是创造出了盆景这一绝妙的艺术。

我国新石器时期出现的草本盆栽，是世界上发现最早的盆栽，可以看作是盆景的起源形式。

距今7000多年的浙江余姚河姆渡文化遗址中，发现一件盆栽五叶纹夹砂灰陶块，陶片在一方形框上阴刻有一方形陶盆，上栽五片叶的植物，一叶居中，直立向上，另外四叶分于两侧，互相对称。

这件刻画在陶片上的盆栽植物图案，即展示了人类盆栽植物悠久的历史。

清代金嵌松石盆景

另外还发现一件盆栽三叶纹残陶片，在残存的长方形框上，两面阴刻对称的三叶纹和连珠纹图案。

河姆渡遗址地处四明山北麓的河谷平原，7000年前这里气候温暖湿润，宜于植物栽培生长，除了人工栽培水稻外，还栽培葫芦和薏仁。经鉴定，河姆渡遗址中的人工花木有珠兰、夜合花、旱莲木等20余个种属。

遗址第四文化层中还有九里香、荷花、杜鹃、石韦、海金沙等30余个种属，有的可能是河姆渡先民作为观赏植物栽培的。盆钵是盆栽不可缺少的条件之一。河姆渡遗址的陶器有1700多件，其中方形陶盆，四足，形状如同现代花盆。还有镂有两个小孔的圆形陶盆。

五叶纹陶块上的植物，从形态上推测与万年青最相似。万年青在我国传统中，象征吉祥如意，宜盆栽，在我国民间农村建房中，有的地方一直保留着在建筑物上刻凿装饰万年青图案和赠送盆栽万年青的习俗。

三叶纹陶块上的植物，可能是兰花，即虾脊兰。余姚素有栽兰传统，盛产兰科植物70多个品种。早在春秋末期，越王勾践已在绍兴的渚山种兰，余姚当时也属越国。

关于勾践在渚山种兰，历史上多有记载，除《宝庆续会稽志》以外，如明万历年间的《绍兴府志》记载：

玉桃树盆景

兰渚山，有草焉，长叶白花，花有国馨，其名曰兰，勾践所树。

明人南逢吉注王十朋《会稽风俗赋》也说："兰亭，即兰渚也。"《越绝书》说："勾践种兰渚山。"明代徐渭也在《兰谷歌》中提到"勾践种兰必择地，只今兰渚乃其处"。

《绍兴地志述略》记载："兰渚山，在城南二十七里，勾践树兰于此。"由于勾践种兰渚山，后人把渚山命名为兰渚山，把兰渚山下的集市命名为花街，并把兰渚山下的驿亭命名为兰亭。

这些都说明，早在公元前1万年至公元前4000年的新石器时代，我们的祖先已将植物栽入器皿供作观赏，而我国盆栽起源于河姆渡当是无疑的。

到了3000年前的殷周时期，我国已有为适应生活

轩辕（前2717—前2599年），《史记》中的五帝之首，远古时期我国神话人物，被视为华夏始祖之一和人文初祖，少典之子，本姓公孙，生于轩辕之丘，故号轩辕氏。他以统一中华民族的伟绩载入史册。相传黄帝有25个儿子，之后的夏朝、商朝和周朝的最高统治者基本上都是黄帝的后代。

需要而营造的"囿""苑",发展形成"自然山水园";产生"画",发展形成"自然山水画";产生"盆栽",发展形成"盆景"。三者随着人类的社会活动、经济发展、文化提高而相互渗透、相互借鉴、相互提高。

另外,在夏商时代,我国已有了石玩和玉雕。盆栽、古玩的出现,为我国盆景的产生打下了深厚的物质基础。

在远古时代,由于山石在当时生存中的重要性,先民们由此产生了对山石的崇拜。《史记》一书中有"轩辕赏玉"的情景,还记叙把黑玉制成"玄圭"送给禹,禹规定各地贡品有"怪石"一项。

另外,商代用灵璧石供宫廷之乐。周朝周公用几架将一块玉雕竖起,陈设在神台上。春秋有宋人得燕石以为大宝的故事。战国有青州产"怪石"的记载。秦汉之际,有李斯以奇木配石创作盆景的传说。

秦汉时期,我国园林形式出现了"苑""别墅""王室灵台",展现出园林之美。

汉武帝在上林苑的太液池中,建有蓬莱、方丈和瀛洲三仙山。岛上建宫室亭

灵璧石 灵璧石居我国四大奇石之首,鬼斧神工,浑然天成,集皱、瘦、漏、透于一体,以色、形、质、纹等储美而扬名,享有"灵璧一石天下奇,声如青铜色碧玉"之美称。其石质坚贞,其姿千种,其形万状,或沉倚伟岸气势雄浑,或各显神态风姿绰约,或晶莹温润风采迷人,或玲珑幽邃妙趣无穷,为历代帝王将相、文人骚客所珍藏。

玉花盆景

张良 汉高祖刘邦的重要谋臣，他与韩信、萧何并列为"汉初三杰"。他以出色的智谋，协助汉高祖刘邦在楚汉战争中最终夺得了天下，被封为留侯。他精通黄老之道，深知"日中则移，月满则亏"的道理，不留恋权位，避免了韩信、彭越等"兔死狗烹，鸟尽弓藏"的下场。

台，植奇花异草，达3000余种，广采奇石，点缀假山真水。

《史记·留候世家》记述汉朝张良把谷城山下的黄石，当宝物供奉起来，应是历史上较早的一件独立供石。

《三辅黄图》所记，汉帝刘彻于上林苑宫苑中，大量搜集栽种各地嘉木名花，堪称我国古代最大规模的植物引种试验。汉代未央宫中有温室殿，殿内冬季可陈列花木，温室植物为了便于管理和搬动，可能有盆栽的形式。

西汉时养花种树盛行，富商袁广汉、东汉大将军梁冀，均先后在洛阳建自然山水私园，将奇树、芳藤、名花、异草配植其间。

在古代，先民们对植物的原始崇拜，奠定了我国人民爱好花木风习的基础。松、柏、栗是代表夏、殷、周三个朝代的神木，具有浓郁和不寻常的神圣寓意；"岁寒，然后知松柏之后凋也"。用以比喻人只有经过严峻的考验，才能显出坚贞的性格和高尚的节操。

这种传统植根于民族的沃土，长期并持久延续发展，形成了传统文化的重要部分。

西汉时期，张骞出使西

■ 玉花盆景

珐琅盆景

域，为把那里的石榴引种到中原来，就采用了盆栽的办法。

古代园林、石玩和对植物的栽培技术的形成与发展，为我国盆景的形成创造了基本条件。当人们在把大自然山水浓缩到园林中的同时，也就启发了他们把大自然风景进一步浓缩到一件容器中。这是盆景形成的一个前奏。史书记载：

> 东汉费长房能集各地山川、鸟兽、人物、亭台楼阁、帆船舟车、树木河流于一缶，世人誉为缩地之方。

这就是所谓的"缶景"。从史书的描述可以清楚地看出，缶景已不再是原始的盆栽形式了，它已经成了盆栽基础上脱胎而出的艺术盆栽，即真正的盆景艺术了。这是盆景发展史上的一次关键性的突破，是我国艺术盆栽的最

张骞 约公元前164至公元前114年，字子文，汉中郡城固，今陕西省城固县人，我国汉代卓越的探险家、旅行家与外交家，对丝绸之路的开拓有重大的贡献。开拓汉朝通往西域的南北道路，并从西域诸国引进了汗血马、葡萄、苜蓿、石榴、胡桃、胡麻等。

费长房 费长房，汝南人。曾为市掾。传说他从壶公入山学仙，未成辞归。他能医重病，鞭笞百鬼，驱使社公。据说一日之间，人见其在千里之外者数处，因称其有缩地术。后因失其符，为众鬼所杀。

■ 景泰蓝五角景盆

古代盆景

无声诗立体画

141

■ 梨花盆景

早的记载。因此可以说艺术盆栽起始于汉代。

河北望都东汉墓墓壁画中,发现绘有一个陶质卷沿的圆盆,盆内栽有六枝红花,置于方形几架之上,植物、盆盎、几架三位一体的盆栽形象,特别是几架的使用,说明早在东汉就已把盆栽作为重要的艺术表现形式。

汉代山形陶砚非常类似于上述文字记载中的缶景,此山形陶砚内有山川十二峰、重云叠嶂、湖光山色,与缶景景观内容描写如出一辙,已略具山水盆景之大观了。

据记载,晋代陶渊明时,栽培菊花和芍药已经盛行,盆栽或即开始于此时。六朝《南齐书》曾经载有:"会稽剡县刻石山,相传为名。"这可以算是盆景假山的滥觞。

陶渊明主张的回归大自然,始终是盆景创作和欣赏的思想沃土,尽管太极图中的"S"主宰着人们的思维模式,但盆景中"爱此凌霄干"与并存的"蛇子蛇孙鳞蜿蜿"或"错彩镂金"与共处的"出水芙蓉"却始终离不开自然的造型,离不开"虽由人作,宛自天开"。

从公元前5000年一直到隋唐以前这个漫长的时期内,我国盆景的主流始终是崇尚自然、强调生活、反

陶渊明(约365年—427年),字元亮,又一说名潜,字渊明,号五柳先生,私谥靖节,东晋末期南朝宋初期诗人、文学家、辞赋家、散文家。东晋浔阳柴桑人,今江西九江。曾做过几年小官,后辞官回家,从此隐居,田园生活是陶渊明诗的主要题材,相关作品有《饮酒》《归园田居》《桃花源记》《五柳先生传》等。

映生活，以自然型盆景占据统治地位，与我国自然式山水园林如出一辙，一脉相承。

有关这一点，从新石器时期河姆渡草本盆栽、汉代自然式缶景、东晋木本盆栽中都可以看得出来。先秦老庄崇尚大自然、天人合一，东晋隋唐以前的盆景真可谓自然之风一统天下。

公元420年至公元589年，我国南北朝时山水画兴起，当时著名的画家宗炳遍画平生经历过的山水，张于一室，以供卧游，并写下《画山水序》，序中说：

> 昆阆之形，可围于方寸之内。竖划三寸，当千仞之高。横墨数尺，体百里之迥。

这种对"咫尺千里"和"小中见大"的体会，既能促使他把山水树石缩在素绢上成为山水画，也可启

缶 古代瓦质打击乐器。为陶土烧制的器皿，大肚子小口，形状很像一个小缸或钵。圆腹，有盖，肩上有环耳；也有方形的。盛行于春秋战国时期。古人用作酒器，敲打时就成了乐器。乐器缶一般作为伴奏乐器使用，先从中原传至西域，后被秦继承，成为秦的特色乐器。

■ 奇石盆景

发他缩入盆盎成为盆景,可足不出户,高枕卧游。

在山东临朐海浮山前山坳发现北齐古墓,墓主为北齐天保年间的魏威烈将军史崔芬。墓四壁有彩色壁画,其中16幅画面上都有奇峰怪石。其中有一壁画,描绘主人欣赏盆景的场面,在一浅盆内,矗立着玲珑秀雅的山石,主人正在品赏盆景,神态如痴如醉,栩栩如生。

另外,山东青州的一座571年的画像石刻墓,有九方画像石刻,其中有一方为"贸易商谈地互赠礼品"的场面。

该图高1.36米,宽0.98米,右上角残缺。画面上方为展翅高飞的

银杏盆景

吉祥鸟；左方的主人端坐于束腰基座上，右脚放于左膝上，左手持茶杯，不卑不亢地注视着对面的客人。

客人头发蜷曲，深目钩鼻，身穿挂满玉璧的长衫，双腿半蹲，双手托一银质器皿，送到主人面前。从面部形象到所穿服饰，确定此人为6世纪古罗马商人。

在罗马商人的身旁，站立着一个主人的随从，此人双手托一浅盆，盆中放置一块青州怪石。该青州怪石山峰兀起，群峰耸立，层峦叠嶂，沟壑纵横，玲珑奇秀，真具有瘦、漏、皱、透的特色。

北齐两座古墓中发现的彩色壁画和画像刻石，都对青州怪石作了生动的摹写。我国最古老的赏石史料尽管有很多神话传说或历史资料，对赏石做过描述，但仅限于文字记述，而北齐古墓彩色壁画和画像刻石的发现，使人们直观地去审视北齐时代怪石的神采，形神兼备，一目了然。

这一发现，把我国山水盆景艺术的形成时间最少向前推了一个半世纪。这是中华民族的骄傲，它雄辩地证明山水盆景艺术起源于我国，赏石文化的源头也在我国。

阅读链接

盆景是呈现于盆器中的风景或园林花木景观的艺术缩制品。多以树木、花草、山石、水、土等为素材，经匠心布局、造型处理和精心养护，能在咫尺空间集中体现山川神貌和园林艺术之美，成为富有诗情画意的案头清供和园林装饰，常被誉为"无声的诗，立体的画"。

盆景的主要材料本身即自然物，具有天然神韵。其中植物还具有生命特征，能够随着时间的推移和季节的更替，呈现出不同景色。盆景是一种活艺术品，是自然美和艺术美的有机结合。

唐宋时期山水盆景的兴起

唐宋时期，在士大夫中间追求隐逸的风气日盛，他们发扬了老庄思想，以山林为乐土，以隐居为清高，将理想的生活与山林之秀美结合起来。于是山水盆景渐渐由宫廷传入了民间，并得到了极大的发扬。

晋朝南渡之后，江南经济得到较大发展，贵族们大量建筑园林别墅，过着游山玩水的清闲生活。当时盛行的玄学引导士大夫从自然山水中寻求人生的哲理与趣味，这种风气促进了我国山水诗和山水画的形成与发展，进而也促进了盆景艺术的发展，盆景艺术开始向诗情画意的自然山水方向飞跃。

山水盆景是我国盆景艺术的重要组成部分，它以自然界的山石水景为基调，伴以我国山水画的精

古松盆景

髓，形成千奇百怪的艺术立体景观。

东汉至隋朝时期，盆栽是采用"掇山理木"的技术方法，人工山水园应运而生，讲求意境表现。

唐代出现了写意山水园和山水画，这时，文人、士大夫也以制作盆景为乐。冯贽《记事珠》中云："王维以黄瓷斗贮兰蕙，养以绮石，累年弥盛。"说明盆栽者应用山水画理将山石与植物组派的盆景相互结合而兴起。

唐代虽然还没有出现"盆景"一词，但从有关文献记载中可以看出，唐代的树木盆景制作技艺已经十分成熟。

如李贺《五粒小松歌》：

■ 春花盆景

蛇子蛇孙鳞蜿蜿，新香几粒洪崖饭。
绿波绿叶浓满光，细束龙髯铰刀剪。
主人壁上铺州图，主人堂前多俗儒。
月明白露秋泪滴，石笋溪云肯寄书。

这首诗对松树盆景进行了描写。小松看上去"蛇子蛇孙鳞碗碗"，是描写其枝干弯曲的模样，说明当时在盆景整形中已运用了"枝无寸直"的画理。

王维 字摩诘，唐朝诗人，有"诗佛"之称。他是盛唐诗人的代表，存诗400余首，重要诗作有《相思》《山居秋暝》等。他精通佛学，受禅宗影响很大。佛教有一部《维摩诘经》，是王维名和字的由来。王维诗书画都很有名，非常多才多艺，音乐也很精通。与孟浩然合称"王孟"。

■ 奇石盆景

诗中说其枝条紧凑，叶片簇簇好像一粒粒香米，即"新香几粒洪崖饭"；而且养护技术高超，使得叶色浓绿碧翠生机盎然，"绿波绿叶浓满光"，看上去叫人十分喜爱。

"细束龙髯铰刀剪"，说的是攀扎和修剪技术。小松盆景已达到了雅俗共赏的艺术境界，"主人堂前多俗儒"。弯弯枝条的曲线最能引起观赏者的丰富的想象，所以在明月的夜晚面对此树时，游子抬头望明月，低头思故乡，想起了家乡的石笋、溪云，不由得流下眼泪，希望寄书故里，"月明白露秋泪滴，石笋溪云肯寄书"。

这表明盆景已具备了意境美，达到了使欣赏者情景交融、浮想联翩的艺术境界。

陕西乾陵的唐章怀太子李贤之墓甬道东壁上生动

乾陵 位于陕西咸阳市乾县城北的梁山上，是我国乃至世界上独一无二的一座两朝帝王、一对夫妻皇帝合葬陵。里面埋葬着唐王朝第三位皇帝高宗李治和我国历史上唯一的女皇帝武则天。

地绘有"侍女一,圆脸、朱唇、戴噗头、穿长袖袍、窄裤腿、尖头鞋、束腰带。双手托一盆景、中有假山和小树"。

该画面中的盆景应属于树石盆景或水旱盆景类型。这是最早的关于盆景的图画。

唐代的山水盆景趋于成熟。阎立本绘制的《职贡图》,画中有以山水盆景为贡品进贡的形象。左边一人双手捧一体量较小的"三峰式"山水盆景,右边一人用右肩扛着一体量较大的"三峰式"山水盆景,盆内山石玲珑剔透、奇形怪状,其造型非常符合"瘦、漏、透、皱"的赏石标准,如果再种植上植物,就是一盆真正的山水盆景了。

另外,在盛唐墓中发现的一只唐三彩砚,砚池底部如平坦的浅盆,前半是水池,后半群峰环立,山上云雾缭绕,树木繁茂,尚有小鸟站立。

这一山水盆景式三彩陶砚实为山水盆景造型与砚台二者完美结合的工艺品,它是从汉代山形陶砚发展而来的,但从山峰气势、布局、内容来看,比汉代陶砚艺术水平高多了。

除此之外,唐代文献中有许多关于假山、山池、盆池、小滩、小潭、厅池、叠石、累土山等方面的描述和记载。这些文献虽未明显提出"山水盆景"

> **唐三彩** 是一种盛行于唐代的陶器,以黄、褐、绿为基本釉色,因盛行于我国唐代,所以人们习惯地称其为"唐三彩"。它吸取了我国国画、雕塑等工艺美术的特点,采用堆贴、刻画等形式的装饰图案,线条粗犷有力。它以造型生动逼真、色泽艳丽和富有生活气息而著称。古人多用于殉葬。

■ 松树盆景

> **杜甫** 字子美，自号少陵野老，世称"杜工部""杜老""杜少陵"等。盛唐时期伟大的现实主义诗人。他忧国忧民，人格高尚，他的约1400余首诗被保留了下来，诗艺精湛，在我国古典诗歌中的影响非常深远，备受推崇。被世人尊为"诗圣"，其诗被称为"诗史"，并与李白合称"李杜"。

的字样，但从中可以看出当时的人们在居室内来制作和欣赏山水景观已蔚然成风。

这些山水景观，大的可在厅前屋后、院落之间，蓄一池清水、置几块山石，小的就可摆在盆内，与后世的盆景没有区别了。

如杜甫《假山》中描写的山水景观仅0.3米左右，应是一种盆景无疑：

> 一篑功盈尺，三峰意出群。
> 望中疑在野，幽处欲出云。
> 慈竹春荫复，香炉晓势分。
> 惟南将献寿，佳气日氤氲。

同时，唐代的赏石文化也达到高潮。据史料记载，唐苏州刺史白居易就以玩石为癖，那是早期的山水盆景。

■ 大型盆景松

有许多关于奇石的诗赋。如白居易的《太湖石》《问支琴石》《双石》；李德裕的《奇石》《题罗浮石》《似鹿石》《海上石笋》《泰山石》等。

白居易的《太湖石》中说：

烟萃三秋色，波涛万古痕。
削成青玉片，截断碧云天。
风气通岩穴，苔文护洞门。
三峰具体小，应是华山孙。

唐代是我国封建社会的盛世，在文化艺术方面，如诗歌、绘画、雕塑、旅游等，都取得了辉煌的成就。当然，盆景艺术也得到了突飞猛进的发展，主要表现在形式多样、题材丰富、景中寓情、情景交融、诗情画意等方面。

■ 沙漠玫瑰盆景

我国盆景发展到唐代，树木盆景的制作技艺已十分成熟，山水盆景也基本成熟，并出现了树石盆景的形式，因此，唐代是我国盆景发展的一个成熟和昌盛的阶段。

宋代盆景是唐代盆景的继续，在继承的基础上有所发展，主要是将宋代绘画理论更多地应用于盆景之中，使盆景艺术有所提高。宋代，不论宫廷还是民间，以奇树怪石为观玩品已蔚然成风。

宋人绘画《十八学士图》四轴中，有两轴绘有苍

《十八学士图》
唐太宗李世民为秦王时，于宫城西开文学馆，收聘四方贤才，以杜如晦、房玄龄为首的18人并为学士。他们共分为三番，每日6人值宿，讨论文献，商略古今，号为十八学士。并命阎立本画像，褚亮作赞，题十八人名号、籍贯，藏之书府，时人倾慕，谓之登瀛洲。

■ 古树盆景

劲古松、老干虬枝、悬根出土的盆桩。从中可以看出宋代盆景制作技艺之高超。

这时，苏州诗人范成大制作的山水盆景已经非常有名了；苏州人朱冲、朱勔父子已建造了绿水园和金谷园，陈列着许多山水和树桩盆景。

扬州瘦西湖陈列有宋代花石纲的遗物，它是由钟乳石制作而成的一盆山水盆景，看上去山峦起伏、溪壑渊深，为世上罕见。

于是，在宋代我国盆景艺术已分流分派，山水与树木盆景各成体系。杜绾在《云林石谱》中记载山石多达116种，对山石的色泽、形态、产地、质地作了详细的描述，可见当时对山水盆景的研究已达到很高的境界。

唐宋时期，由盆栽艺术加工而成的盆景与山水画互为影响，而且诗人王维、杜甫、白居易、苏轼、王十朋、陆游等有咏山石的诗篇及《宣和石谱》《渔阳石谱》《梦粱录》等专著的相继问世，也进一步繁荣和发展了盆景艺术。

宋人王十朋在《岩松记》里描绘松树盆景十分详尽：

友人有以岩松至梅溪者，异质丛生，根衔拳石茂焉，非枯森焉，非乔柏叶，松身

范成大 字致能，号石湖居士，南宋诗人。他从江西派入手，后学习中、晚唐诗，他继承了白居易、王建、张籍等诗人新乐府的现实主义精神，终于自成一家。风格平易浅显、清新妩媚。诗题材广泛，以反映农村社会生活内容的作品成就最高。他与杨万里、陆游、尤袤合称南宋"中兴四大诗人"。

气象耸焉，藏参天覆地之意于盈握间，亦草木之英奇者。余颇爱之，植以瓦盘，置之小室。……

宋人赵希鹄在《洞天清录》怪石辨中说："石小而起峰。崖岫耸秀，嵌嵌之状，可登几案观玩，亦奇物也。"

宋代还有许多描写山水盆景的诗词。如苏轼的《双石》：

梦时良是觉时非，汲水埋盆故自痴。
但见玉峰横太白，便从鸟道绝峨嵋。
秋风与作烟云意，晓日令涵草木姿。
一点空明是何处，老人真欲住仇池。

苏轼 北宋文学家、书画家。字子瞻，号东坡居士。一生仕途坎坷，学识渊博，天资极高，诗文书画皆精。与欧阳修并称"欧苏"，为"唐宋八大家"之一；诗清新豪健，善用夸张、比喻，艺术表现独具风格，与黄庭坚并称"苏黄"；词开豪放一派，对后世有巨大影响，与辛弃疾并称"苏辛"；书法擅长行书、楷书，能自创新意，用笔丰腴跌宕，有天真烂漫之趣，与黄庭坚、米芾、蔡襄并称"宋四家"。

陆游 字务观，号放翁，南宋诗人。少时受家庭爱国思想熏陶，高宗时应礼部试，为秦桧所黜。孝宗时赐进士出身。中年入蜀，投身军旅生活，晚年退居家乡，但收复中原信念始终不渝。创作诗歌很多，今存9000多首，内容极为丰富，抒发政治抱负，反映人民疾苦，风格雄浑豪放；抒写日常生活，也多清新之作。

奇山盆景画

苏东坡不仅亲自制作盆景,并对入画的盆景加以吟咏:

我持此石归,袖中有东海。
置之盆盎中,日与山海对。

试观烟云三峰外,都在灵仙一掌间。
五岭莫愁千嶂外,九华今在一壶中。

陆游在《菖蒲》诗中对山水盆景也作了细致描述和赞美:

雁山菖蒲昆山石,陈叟持来慰幽寂。
寸根蹙密九节瘦,一拳突兀千金直。

米芾 北宋书法家、画家。天资高迈,人物萧散,好洁成癖。被服效唐人,多蓄奇石,世号米颠。书画自成一家,能画枯木竹石,时出新意,又能画山水,创为水墨云山墨戏,烟云掩映,平淡天真。善诗,工书法,精鉴别。擅篆、隶、楷、行、草等书体,长于临摹古人书法,达到乱真程度。宋四家之一。

石榴盆景

清泉碧缶相发挥，高僧野人动颜色。
盆山苍然日在眼，此物一来俱扫迹。
根盘叶茂看愈好，向来恨不相从早。
所嗟我亦饱风霜，养气无功日衰槁。

■月下老人盆景

同时，宋代有了对盆景的题名之举。如田园诗人范成大爱玩英德石、灵璧石和太湖石，并在奇石上题"天柱峰""小峨眉""烟江叠嶂"等名称。

而且，到了宋代，这时的赏石标准更为明确，对石品研究取得了新的突破。如人称"米颠"的大书画家米芾，爱石成癖，他论石有透、漏、瘦、皱之说。这也促使山水盆景的制作技艺较唐代有了显著提高。

阅读链接

宋代赵希鹄的《洞天清录·怪石辩》，曾对山水盆景的制作方法有较详细的记述："怪石小而起峰，多有岩岫耸秀，镶嵌之状。可登几案观玩，亦奇物也；色润者固甚可爱玩，枯燥者不足贵也。道州石办起峰可爱，川石奇耸；高大可喜，然人力雕刻后，置急水中舂撞之，纳之花栏中，或用烟熏，或染之色，亦能微黑有光，宜作假山。"

而大诗人黄庭坚也在他的《云溪石》中，对盆景进行了细致的描述：

造物成形妙画工，地形咫尺远连空。
蛟龙出没三万顷，云雨纵横十二峰。
清座使人无俗气，闲来当暑起凉风。
诸山落木萧萧夜，醉梦江湖一叶中。

元明清时期极盛的盆景艺术

到了元代，盆景艺术实现了体量小型化的飞跃，这对盆景的大力普及和推广起到了很大的促进作用。

当时有一位高僧，法名韫上人，他云游四方，饱览祖国名川大

树木盆景

山，胸有丘壑，师法自然，并善于运用盆景制作的各种技法，打破一般格局，极力提倡小型化，称为"些子景"。"些子"就是小的意思。

元末回族诗人丁鹤年有《为平江韫上人赋些子景》诗句，称赞他说：

■ 奇山怪木盆景

尺树盆池曲槛前，老禅清兴拟林泉。
气吞渤澥波盈掬，势压崆峒石一拳。
仿佛烟霞生隙地，分明日月在壶天。
旁人莫讶胸襟隘，毫发从来立大千。

这首诗描述了韫上人些子景的体量、陈设、气势、形态、意境、内容、用盆等，描写得活灵活现，有声有色、淋漓尽致。由此可见，元代些子景具备"小中见大"的特色，这对元以后制作盆景和衡量标准产生深远影响。

明清是我国盆景史上发展的又一个重要时期，在这一时期内，盆景技艺趋于成熟，盆景专著纷纷问世，对盆景树种、石品、制作、摆置、品评等在理论上作了较系统的论述。可以说在明清时期，我国盆景在理论上得到了飞跃和升华。

明代苏州人王鏊所著的《姑苏志》里有这样的记

上人 就是上德之人，佛教中因比丘内涵德智，外有胜行，在人之上，所以尊称持戒严格并精于佛学的僧侣为上人。在古文中的上人一般指对长老和尚的尊称；另外在有些地方语言中，上人也指家中长辈。

■ 艳丽花卉盆景

载："虎丘人善于盆中植奇花异卉，盘松古梅，置之几案，清雅可爱，谓之盆景。"

这是有"盆景"称谓最早的文字记载，因此可以说"盆景"之名称自苏州人始。苏州盆景到明代时已经广为普及了，苏州"吴门画派"的画意成了盆景中刻意模仿的主题，形成了独特的技艺风格。

到了清代，苏州的盆景制作已呈流行之势，由于爱好者越来越多，出现了虎丘、光福等盆景制作基地。《光福志》中就有"潭山东西麓，村落数余里，居民习种树，闲时接梅桩"的记载。

清代园艺学专著《花镜》也有关于苏州盆景的记录：

虬龙 古代传说中的有角的小龙。龙有鳞的叫蛟龙，有翼的叫应龙，有角的叫虬龙，无角的叫螭龙。虬龙常盘曲，因此也用来比喻卷曲的样子，如比喻盘曲的篆字或盘屈的树枝。

近日吴下出一种仿云林山树画意，用长大白石盆，紫砂宜兴盆，将最小柏、桧、或枫、榆、六月雪、或虎刺、黄杨、梅桩等，择取十余株，细视其体态参差高下，倚山靠石行栽之。

或用昆山石、或用广东英石，随意叠成山林佳景。置数盆于高轩书室之前，诚雅人清供也。

清代的胡焕章是当时用梅桩制作"劈梅"盆景的大家。

在盆景类别形式上,至清代,更加多样,除山水盆景、旱盆景、水旱盆景外,还有带瀑布的盆景及枯艺盆景。在苏杭一带,盆景得到了大普及。

扬州曾有一盆明末桧柏盆景,原为扬州古刹天宁寺遗物,干高两尺,屈曲如虬龙,树皮仅余1/3,苍翠古雅,头顶一片用"一寸三弯"棕法将枝叶蟠扎而成的"云片",形神不凡,为扬派盆景代表作,树龄400年。

泰州也保存一盆明末崇祯年间的古柏,原系泰兴县季驸马赏玩的龙真柏盆景,其中三干,虬曲多姿,枝片龙飞凤舞。

扬州八怪郑板桥题画《盆梅》,形象地展现了当时的梅花盆景艺术。

清代关于盆景的论述极多。陈扶摇著《花镜》,其中有《种盆取景法》一节,专门述及盆景用树的特点和经验。也谈到了点苔法:"几盆花拳石上,景宜苔藓,若一时不可得,以菱泥、马粪和匀,涂润湿处及桠枝间,不久即生,俨如古木华林。"

吴震方的《岭南杂记》中说:"英德石大者可以置园庭,

> **驸马** 我国古代帝王女婿的称谓。又称帝婿、主婿、国婿等,因"驸马都尉"这一官名演化而来。三国时期,魏国的何晏以帝婿的身份授官驸马都尉。以后又有晋代杜预娶晋宣帝之女安陆公主,王济娶司马文帝之女常山公主,都授驸马都尉。魏晋以后,帝婿照例都加驸马都尉称号,后称驸马,非实官。以后驸马即用以称帝婿。

■ 大型植物盆景

雷纹 是我国古代青铜器纹饰之一。即以连续的方折回旋形线条构成的几何图案。常见的有目雷纹、三角雷纹、波形雷纹、斜角雷纹、乳钉雷纹、百乳雷纹、勾连雷纹等多种类型。

小者可列几案。"

钱塘惕庵居上诸九鼎的《石谱》、程庭鹭的《练水画征录》、刘銮的《五石瓠》等也都有关于盆景的记载。

在清代,我国涌现出许多盆景中的极品,其中大多成为宫廷中的珍藏宝物。

如红宝石梅寿长春盆景。錾金委角长方形盆,盆上敞下敛,略呈斗形,其口沿錾如意纹,口沿下凸起如意云纹一周,盆腹以万字雷纹锦为地,凸錾一周22个"寿"字。

盆中主景为梅花树,铜镀金树干,翡翠小叶,红宝石花瓣,宝蓝心、金蕊,意态生动。树下衬以青金石和白玉制的湖石、嵌宝石灵芝、玉叶珊瑚珠万年青、点翠叶玛瑙茶花以及小草等,置景生机盎然,错落有致。

梅花是清代盆景广泛采用的花卉,通常寓意"梅寿长春"或"梅寿万年"。此景以金为盆,盆壁上錾刻的"万"字地纹和"寿"字气派豪华,光灿耀目。

梅花瓣所用红宝石共达284粒,一树晶莹的红梅与碧绿的翡翠叶相衬托,又与灿烂的金盆相辉映,再加以清雅的

■ 松树盆景

■ 树木盆景

湖石和花卉小景，其风格富贵而热烈。此红宝石梅花盆景应是专为宫中帝后寿诞特制的祝寿礼物。

再如象牙嵌玉石水仙盆景。青玉菊瓣洗式盆，四角雕成双叶菊花形，菊花上嵌红宝石、绿料，盆下腹又雕叶纹，上嵌绿料并错金线为脉络。盆中有青金石制湖石，并植5株染牙叶水仙，雕象牙为根，白玉为花，黄玉为心。

水仙主题的盆景取"芝仙祝寿"之意，宫廷庆帝后寿诞之时，地方官多有呈进。此盆景风格清雅，玉盆为典型的痕都斯坦风格，盆中景致牙叶挺拔，玉花明秀，反映出清代乾隆年间雕刻业盛期的工艺水平。

还有碧玉万年青盆景。盆呈筒式，涂红漆，口沿、底沿各饰描金卷草纹一周。盆体浅刻"万"字锦地及八仙人物纹并描金漆。盆中植碧玉万年青，叶片宽厚肥硕，挺拔如剑，碧绿茂盛。叶丛中立缠绿丝茎，茎上有

八仙 是指民间广为流传的道教八位神仙。八仙之名，明代以前众说不一，有汉代八仙、唐代八仙、宋元八仙，所列神仙各不相同。至明吴元泰《八仙出处东游记》始定为：铁拐李、汉钟离、张果老、蓝采和、何仙姑、吕洞宾、韩湘子、曹国舅。

仙桃 传说西王母是我国西方昆仑山居住的仙女，每年农历七月十八为瑶池的西金母圣诞。王母娘娘的蟠桃园有3600棵桃树。前面1200棵，花果微小，3000年一熟，人吃了成仙得道。中间1200棵，6000年一熟，人吃了霞举飞升，长生不老。后面1200棵，紫纹细核，9000年一熟，人吃了与天地齐寿，日月同庚。

以染骨、红珊瑚珠所制万年青籽3簇，珠粒红艳。

此盆景将万年青植于筒中，寓"一统万年"之意。此件作品为清代帝后寿诞时宫廷的陈列品。

另外一件碧玺桃树盆景，画珐琅菱花式盆，盆外壁以深、浅蓝色釉为地，彩绘牡丹花纹。盆中植桃树为主景，木枝干，碧玉叶，桃实以芙蓉石、碧玺、蜜蜡等红、粉色宝石制作。树下衬以湖石、山茶、锦花一周。

此景错落有致，意态生动，表现出清爽明丽的江南盆景风格，是清宫中日常陈设品，桃树景配牡丹花纹盆取"蟠桃献瑞""富贵长寿"之意，应是皇帝寿诞之日百官祝寿所进献之物。

碧桃花树盆景也为清宫旧藏。画珐琅委角长方盆，盆外壁绘折枝花卉。主景碧桃树以染铜为叶、染牙为花瓣。周围衬以染石山子和水晶海棠花、乳白色玻璃茶花、铜片小草等，碧桃盆景寓意"春光长寿"。

■ 树木盆景

清代南方盆景多用这种式样,据清代《宫中进单》记载,1748年,广东巡抚岳浚进象牙盆景四对,这件盆景即其中之一。

清宫旧藏中还有一件嵌玉石仙人祝寿图盆景。紫檀木垂云纹八足随形座,座边缘设铜镀金镂"万"字纹栏杆,座中设天然木山,古意盎然。

■ 花木盆景

山中以白玉、碧玉、玛瑙、翡翠、碧玺、松石等制作灵芝、仙桃、瑶草嘉蕙等,于孔隙石笋之间倒挂丛生,五色缤纷。

山腰置一座蓝顶圆亭,7位仙翁或立于山腰,或相伴行于山间,或对坐亭间畅谈。玉鹤口衔仙草飞悬在山顶,玉鹿则伏卧于山腰亭旁,仰望上方的灵草。

此件寓意仙人祝寿的景观造型大方,人物刻画细腻,神态各异。花草与鸟兽等色泽清朗,疏密相间,错落有致,颇富情趣,可谓是中、大型景观中的精心之作。

蜜蜡料石刘海戏蟾盆景。四方折角形座,座壁上嵌饰仿羊脂白玉、仿蓝宝石、仿青金石等3种彩色料及孔雀石、金星石、珊瑚等五色材料。其中蓝色套金星料和孔雀石作上下边框和分界格条。

座壁框格内所嵌的18块仿玉料和4块透明蓝料均镂雕方拐子夔龙纹。座壁正面嵌浮雕蝙蝠流云纹珊瑚

刘海戏蟾 是民间故事,来源于道家典故。刘海少年时上山打柴,他看见路旁一只三足蟾蜍受伤,便赶快上前为之包扎伤口,蟾变成了美丽的姑娘,并与刘海成婚生子,妻子能口吐金钱和元宝。刘海在传说中是个仙童,前额垂着整齐的短发,骑在金蟾上,手里舞着一串钱,后来成传统文化中"福神"的象征。

■ 奇松盆景

片,珊瑚片中央再嵌一块如意形蜜蜡片,上刻夔龙纹。

座以孔雀石雕山石为座面,石上立琥珀、蜜蜡所制刘海仙人,其手持珊瑚镂雕金钱链,喜笑颜开,正在戏一三足蟾,蟾以金星料制,嵌红宝石和蓝料,屈背昂首,仰视刘海手中的金钱链,一副跃跃欲试的神态。

刘海身旁植红珊瑚枝佛手树,染牙叶,砗磲与红蜜蜡制佛手果,还有铜枝叶、珊瑚花的茶花和珊瑚、蓝料大灵芝等。

清代工艺品中以"刘海戏蟾"为题材者较多。此盆景造型别致,制作精美华贵,人物、动物生动活泼,是清代盆景中一件颇为独特的珍品。

阅读链接

明清时,盆景专著较多。如屠隆著《考盘余事》。他在"盆玩"部分写道:"盆景以几案可置者为佳,其次则列之庭榭中物也",除了把盆景大小应用配置写得比较详细外,同时还很注重画意,提出以古代诸画家马远、郭熙、刘松年、盛子昭等笔下古树为模特的盆景为上品。

《考盘余事》中还介绍了树桩的蟠扎技艺:"至于幡结,柯干苍老,束缚尽解,不露做手,多有态若天生。"指出民间制作盆景,多以师法自然,强调虽由人作,宛若天成。

嘉庆年间五溪苏灵著《盆景偶录》二卷。书中以叙述树桩盆景为多,把盆景植物分成四大家、七贤、十八学士和花草四雅。足见当时盆景发展之盛。

中华精神家园书系

建筑古蕴
壮丽皇宫：三大故宫的建筑壮景
宫殿怀古：古风犹存的历代华宫
古都遗韵：古都的厚重历史遗韵
千古都城：三大古都的千古传奇
王府胜景：北京著名王府的景致
府衙古影：古代府衙的历史遗风
古城底蕴：十大古城的历史风貌
古镇奇葩：物宝天华的古镇奇观
古村佳境：人杰地灵的千年古村
经典民居：精华浓缩的最美民居

古建风雅
皇家御苑：非凡胜景的皇家园林
非凡胜景：北京著名的皇家园林
园林精粹：苏州园林特色与名园
秀美园林：江南园林特色与名园
园林千姿：岭南园林特色与名园
雄丽之园：北方园林特色与名园
亭台情趣：迷人的典型精品古建
楼阁雅韵：神圣典雅的古建象征
三大名楼：文人雅士的汇聚之所
古建古风：中国古典建筑与标志

古建之魂
千年名刹：享誉中外的佛教寺院
天下四绝：佛教的海内四大名刹
皇家寺院：御赐美名的著名古刹
寺院奇观：独特文化底蕴的名刹
京城宝刹：北京内外八刹与三山
道观杰作：道教的十大著名宫观
古塔瑰宝：无上玄机的魅力古塔
宝塔珍品：巧夺天工的非常古塔
千古祭庙：历代帝王庙与名臣庙

文化遗迹
远古人类：中国最早猿人及遗址
原始文化：新石器时代文化遗址
王朝遗韵：历代都城与王城遗址
考古遗珍：中国的十大考古发现
陵墓遗存：古代陵墓与出土文物
石窟奇观：著名石窟与不朽艺术
石刻神工：古代石刻与文化艺术
岩画古韵：古代岩画与艺术特色
家居古风：古代建材与家居艺术
古道依稀：古代商贸通道与交通

古建涵蕴
天下祭坛：北京祭坛的绝妙密码
祭祀庙宇：香火旺盛的各地神庙
绵延祠庙：传奇神人的祭祀圣殿
至圣尊崇：文化浓厚的孔孟祭地
人间天宫：非凡造诣的妈祖庙宇
祠庙典范：最具人文特色的祭祠
绝代王陵：气势恢宏的帝王陵园
王陵雄风：空前绝后的地下城堡
大宅揽胜：宏大气派的大户宅第
古街韵味：古色古香的千年古街

物宝天华
青铜时代：青铜文化与艺术特色
玉石之国：玉器文化与艺术特色
陶器寻古：陶器文化与艺术特色
瓷器故乡：瓷器文化与艺术特色
金银生辉：金银文化与艺术特色
珐琅精工：珐琅器与文化之特色
琉璃古风：琉璃器与文化之特色
天然大漆：漆器文化与艺术特色
天然珍宝：珍珠宝石与艺术特色
天下奇石：赏石文化与艺术特色

中华精神家园书系

古迹奇观
- 玉宇琼楼：分布全国的古建筑群
- 城楼古景：雄伟壮丽的古代城楼
- 历史开关：千年古城墙与古城门
- 长城纵览：古代浩大的防御工程
- 长城关隘：万里长城的著名关卡
- 雄关漫道：北方的著名古代关隘
- 千古要塞：南方的著名古代关隘
- 桥的国度：穿越古今的著名桥梁
- 古桥天姿：千姿百态的古桥艺术
- 水利古貌：古代水利工程与遗迹

山水灵性
- 母亲之河：黄河文明与历史渊源
- 中华巨龙：长江文明与历史渊源
- 江河之美：著名江河的文化源流
- 水韵雅趣：湖泊泉瀑与历史文化
- 东岳西岳：泰山华山与历史文化
- 五岳名山：恒山衡山嵩山的文化
- 三山美冠：三山美景与历史文化
- 佛教名山：佛教名山的文化流芳
- 道教名山：道教名山的文化流芳
- 天下奇山：名山奇迹与文化内涵

自然遗产
- 天地厚礼：中国的世界自然遗产
- 地理恩赐：地质蕴含之美与价值
- 绝美景色：国家综合自然风景区
- 地质奇观：国家自然地质风景区
- 无限美景：国家自然山水风景区
- 自然名胜：国家自然名胜风景区
- 天然生态：国家综合自然保护区
- 动物乐园：国家动物自然保护区
- 植物王国：国家保护的野生植物
- 森林景观：国家森林公园大博览

西部沃土
- 古朴秦川：三秦文化特色与形态
- 龙兴之地：汉水文化特色与形态
- 塞外江南：陇右文化特色与形态
- 人类敦煌：敦煌文化特色与形态
- 巴山风情：巴渝文化特色与形态
- 天府之国：蜀文化的特色与形态
- 黔风贵韵：黔贵文化特色与形态
- 七彩云南：滇文化特色与形态
- 八桂山水：八桂文化特色与形态
- 草原牧歌：草原文化特色与形态

东部风情
- 燕赵悲歌：燕赵文化特色与形态
- 齐鲁儒风：齐鲁文化特色与形态
- 吴越人家：吴越文化特色与形态
- 两淮之风：两淮文化特色与形态
- 八闽魅力：福建文化特色与形态
- 客家风采：客家文化特色与形态
- 岭南灵秀：岭南文化特色与形态
- 潮汕之根：潮州文化特色与形态
- 滨海风光：琼州文化特色与形态
- 宝岛台湾：台湾文化特色与形态

中部之魂
- 三晋大地：三晋文化特色与形态
- 华夏之中：中原文化特色与形态
- 陈楚风韵：陈楚文化特色与形态
- 地方显学：徽州文化特色与形态
- 形胜之区：江西文化特色与形态
- 淳朴湖湘：湖湘文化特色与形态
- 神秘湘西：湘西文化特色与形态
- 瑰丽楚地：荆楚文化特色与形态
- 秦淮画卷：秦淮文化特色与形态
- 冰雪关东：关东文化特色与形态

节庆习俗
- 普天同庆：春节习俗与文化内涵
- 张灯结彩：元宵习俗与彩灯文化
- 寄托哀思：清明祭祀与寒食习俗
- 粽情端午：端午节与赛龙舟习俗
- 浪漫佳期：七夕节俗与妇女乞巧
- 花好月圆：中秋节俗与赏月之风
- 九九踏秋：重阳节俗与登高赏菊
- 千秋佳节：传统节日与文化内涵
- 民族盛典：少数民族节日与内涵
- 百姓聚欢：庙会活动与赶集习俗

民风根源
- 血缘脉系：家族家谱与家庭文化
- 万姓之根：姓氏与名字号及称谓
- 生之由来：生庚生肖与寿诞礼俗
- 婚事礼俗：嫁娶礼俗与结婚喜庆
- 人生遵俗：人生处世与礼俗文化
- 幸福美满：福禄寿喜与五福临门
- 礼仪之邦：古代礼制与礼仪文化
- 祭祀庆典：传统祭典与祭祀礼俗
- 山水相依：依山傍水的居住文化

衣食天下
- 衣冠楚楚：服装艺术与文化内涵
- 凤冠霞帔：佩饰艺术与文化内涵
- 丝绸锦缎：古代纺织精品与布艺
- 绣美中华：刺绣文化与四大名绣
- 以食为天：饮食历史与筷子文化
- 美食中国：八大菜系与文化内涵
- 中国酒道：酒历史酒文化的特色
- 酒香千年：酿酒遗址与传统名酒
- 茶道风雅：茶历史茶文化的特色

国风美术
- 丹青史话：绘画历史演变与内涵
- 国画风采：绘画方法体系与类别
- 独特画派：著名绘画流派与特色
- 国画瑰宝：传世名画的绝色魅力
- 国风长卷：传世名画的大美风采
- 艺术之根：民间剪纸与民间年画
- 影视鼻祖：民间皮影戏与木偶戏
- 国粹书法：书法历史与艺术内涵
- 翰墨飘香：著名书法名作与艺术
- 行书天下：著名行书精品与艺术

汉语之魂
- 汉语源流：汉字汉语与文章体类
- 文学经典：文学评论与作品选集
- 古老哲学：哲学流派与经典著作
- 史册汗青：历史典籍与文化内涵
- 统御之道：政论专著与文化内涵
- 兵家韬略：兵法谋略与文化内涵
- 文苑集成：古代文献与经典专著
- 经传宝典：古代经传与文化内涵
- 曲苑百坛：曲艺说唱项目与艺术
- 曲艺奇葩：曲艺伴奏项目与艺术

博大文学
- 神话魅力：神话传说与文化内涵
- 民间相传：民间传说与文化内涵
- 英雄赞歌：四大英雄史诗与内涵
- 灿烂散文：散文历史与艺术特色
- 诗的国度：诗的历史与艺术特色
- 词苑漫步：词的历史与艺术特色
- 散曲奇葩：散曲历史与艺术特色
- 小说源流：小说历史与艺术特色
- 小说经典：著名古典小说的魅力

中华精神家园书系

歌舞共娱
- 古乐流芳：古代音乐历史与文化
- 钧天广乐：古代十大名曲与内涵
- 八音古乐：古代乐器与演奏艺术
- 鸾歌凤舞：古代大曲历史与艺术
- 妙舞长空：舞蹈历史与文化内涵
- 体育古项：体育运动与古老项目
- 民俗娱乐：民俗运动与古老项目
- 刀光剑影：器械武术种类与文化
- 快乐游艺：古老游艺与文化内涵
- 开心棋牌：棋牌文化与古老项目

戏苑杂谈
- 梨园春秋：中国戏曲历史与文化
- 古戏经典：四大古典悲剧与喜剧
- 关东曲苑：东北戏曲种类与艺术
- 京津大戏：北京与天津戏曲艺术
- 燕赵戏苑：河北戏曲种类与艺术
- 三秦戏苑：陕西戏曲种类与艺术
- 齐鲁戏台：山东戏曲种类与艺术
- 中原曲艺：河南戏曲种类与艺术
- 江淮戏话：安徽戏曲种类与艺术

梨园谱系
- 苏沪大戏：江苏上海戏曲与艺术
- 钱塘戏话：浙江戏曲种类与艺术
- 荆楚戏台：湖北戏曲种类与艺术
- 潇湘梨园：湖南戏曲种类与艺术
- 滇黔好戏：云南贵州戏曲与艺术
- 八桂梨园：广西戏曲种类与艺术
- 闽台戏苑：福建戏曲种类与艺术
- 粤琼戏话：广东戏曲种类与艺术
- 赣江好戏：江西戏曲种类与艺术

科技回眸
- 创始发明：四大发明与历史价值
- 科技首创：万物探索与发明发现
- 天文回望：天文历史与天文科技
- 万年历法：古代历法与岁时文化
- 地理探究：地学历史与地理科技
- 数学史鉴：数学历史与数学成就
- 物理源流：物理历史与物理科技
- 化学历程：化学历史与化学科技
- 农学春秋：农学历史与农业科技
- 生物寻古：生物历史与生物科技

千秋教化
- 教育之本：历代官学与民风教化
- 文武科举：科举历史与选拔制度
- 教化于民：太学文化与私塾文化
- 官学盛况：国子监与学宫的教育
- 朗朗书院：书院文化与教育特色
- 君子之学：琴棋书画与六艺课目
- 启蒙经典：家教蒙学与文化内涵
- 文房四宝：纸笔墨砚及文化内涵
- 刻印时代：古籍历史与文化内涵
- 金石之光：篆刻艺术与印章碑石

传统美德
- 君子之为：修身齐家治国平天下
- 刚健有为：自强不息与勇毅力行
- 仁爱孝悌：传统美德的集中体现
- 谦和好礼：为人处世的美好情操
- 诚信知报：质朴道德的重要表现
- 精忠报国：民族精神的巨大力量
- 克己奉公：强烈使命感和责任感
- 见利思义：崇高人格的光辉写照
- 勤俭廉政：民族的共同价值取向
- 笃实宽厚：宽厚品德的生活体现

文化标记
- 龙凤图腾：龙凤崇拜与舞龙舞狮
- 吉祥如意：吉祥物品与文化内涵
- 花中四君：梅兰竹菊与文化内涵
- 草木有情：草木美誉与文化象征
- 雕塑之韵：雕塑历史与艺术内涵
- 壁画遗韵：古代壁画与古墓丹青
- 雕刻精工：竹木骨牙角匏与工艺
- 百年老号：百年企业与文化传统
- 特色之乡：文化之乡与文化内涵

悠久历史
- 古往今来：历代更替与王朝千秋
- 天下一统：历代统一与行动韬略
- 太平盛世：历代盛世与开明之治
- 变法图强：历代变法与图强革新
- 古代外交：历代外交与文化交流
- 选贤任能：历代官制与选拔制度
- 法治天下：历代法制与公正严明
- 古代税赋：历代赋税与劳役制度
- 三农史志：历代农业与土地制度
- 古代户籍：历代区划与户籍制度

历史长河
- 兵器阵法：历代军事与兵器阵法
- 战事演义：历代战争与著名战役
- 货币历程：历代货币与钱币形式
- 金融形态：历代金融与货币流通
- 交通巡礼：历代交通与水陆运输
- 商贸纵观：历代商业与市场经济
- 印纺工业：历代纺织与印染工艺
- 古老行业：三百六十行由来发展
- 养殖史话：古代畜牧与古代渔业
- 种植细说：古代栽培与古代园艺

杰出人物
- 文韬武略：杰出帝王与励精图治
- 千古忠良：千古贤臣与爱国爱民
- 将帅传奇：将帅风云与文韬武略
- 思想宗师：先贤思想与智慧精华
- 科学鼻祖：科学精英与求索发现
- 发明巨匠：发明天工与创造英才
- 文坛泰斗：文学大家与传世经典
- 诗神巨星：天才诗人与妙笔华篇
- 画界巨擘：绘画名家与绝代精品
- 艺术大家：艺术大师与杰出之作

信仰之光
- 儒学根源：儒学历史与文化内涵
- 文化主体：天人合一的思想内涵
- 处世之道：传统儒家的修行法宝
- 上善若水：道教历史与道教文化

强健之源
- 中国功夫：中华武术历史与文化
- 南拳北腿：武术种类与文化内涵
- 少林传奇：少林功夫历史与文化